U0094681

精準

寫作 增修版

「寫作設計圖」——更簡潔有系統的寫作方法論

文／洪震宇

二○二○年《精準寫作》出版之後，我的寫作教學戰鬥值就持續提升。我在澄意文創開設的「精準寫作力」公開班，在出書前已累積了十三期，二○二四年底則要邁入三十五期。此外，我也在企業內部針對主管講授邏輯思考寫作課、對人資講授企業招募文案課，我甚至到台灣各地對國高中小學教師開設寫作教學引導課，也與國高中小學生進行寫作教學。

雖然至今的教學經驗頗豐富，我仍遇到挑戰。二○二四年十月，我受某家出版社總經理邀請，要對編輯與行銷開設書籍文案寫作課。這個邀請讓我充滿疑惑與壓力，編輯與行銷都是具有寫作專業的工作者，我還能教什麼？

我在課前訪談總編輯，希望了解實際需求。總編輯一時也說不出來，我追問：「你對編輯提供的書籍簡介，有沒有什麼感到可惜、希望還可以更好的地方？」

一向溫和的總編輯說，「我常覺得他們寫的書籍簡介太四平八穩，總覺得有些文章沒有引起我閱讀的『情緒』，也就是找不到讓我看這本書的理由。」

如何找到閱讀的情緒，成為我的教學主題。我在課前仔細研究報名的編輯與行銷的書

籍簡介或新聞稿，發現主要問題在於文章過於冗長，而且前幾段內容無法引發讀者的好奇與關心，看完後不易對這本新書抱有期待，也沒有提供閱讀的理由。

因此，我針對出版社的需求，設計三堂共九小時的課程內容。每堂課都有課後作業，根據每堂課的主題，大家將正在進行的書籍文案或新聞稿，進行修改與調整。我會在課堂上逐一點評、討論大家的作業，引導大家找到不同的思考角度。

課程結束後，總經理發現大家的思考與寫作能力都有進步，開會討論更聚焦。「最大的關鍵，就是大家發現寫作真的有方法論。」總經理說。

總經理說的方法論，就是《精準寫作》增訂版加入的「寫作設計圖」。我將這五年的教學經驗去蕪存菁，提出更簡潔有系統的寫作思考架構，希望幫助讀者提升兩個層面：第一是站在讀者角度思考，反思為什麼讀者要閱讀你的文章，找到讀者共鳴點。第二是轉回寫作者的角度，聚焦思考寫作的主題與架構，讓文章更周延完整。

希望增訂版的「寫作設計圖」，能幫助更多人提升思考力與寫作力。

寫作力就是思考力。

追求精準是一件很感性的事

文／賴如暹（廣告企劃）

寫文案是我職場上的必備技能，買書進修自是必要的努力。二○二○年，我出於對書名的好奇買下《精準寫作》；當時只期待這本書能提供一些觀點、可以帶來進步就夠了，我甚至懷疑：寫作為什麼要精準？

我實際閱讀後就停不下來——書上沒有模糊不清的指導、沒有無用的案例，作者精準拆解了自己的寫作能力，再精準的掌握讀者的盲點與錯誤觀念，循序做出精準的指導。你不會懷疑這些做法只有作者能而讀者辦不到。對我來說，這本書非常真誠而難得，是我最常與夥伴分享的一本書。

這不是一本書而是一把刀！

《精準寫作》切開了寫作知識的外皮，讓人看見寫作的肌理與骨架。你會發現，這不是一本書而是一把刀，一把能剖開迷思、切出重點，還能剁碎知識讓人好吸收的刀，更為我劈開了一條清晰而長遠的學習之路：我有幸跟著震宇老師連續五周的線上課程，透過課後作業任務與批改，在來回思辨中一邊領悟一邊前進。我從靠著天份寫，到運用觀念來

4

寫，這場內在革命全靠《精準寫作》影響我最大的兩大教學重點，在此和讀者分享。

第一個重點是，關注讀者的理解與情緒，並珍惜他們的時間。應用「魚骨寫作」，寫作有了明確的邏輯，而且更能被讀者理解。

「服務讀者」是老師帶給我的第一個觀念上的衝擊。寫作難道不是為了被讀者理解嗎？這看似簡單的道理，卻往往被寫作之人遺忘，當我們抱持著服務讀者的信念去創作，首先受益的必定是我們自己。為了讀者，我不再著眼於句子是否漂亮，而是努力強化自己的邏輯架構，我開始關心讀者能不能懂？會不會浪費時間失去耐性？「魚骨寫作」改變了我從句子思考轉型到段落思考，並在自我的辯證中讓觀點更加精準。

第二個重點是，寫作要對讀者產生影響，要達成目的就必須要有策略。應用「ROA思考術」，讓每一次的寫作都像廣告人一樣思考。

廣告及活動公關是我的工作。在行銷上會先鎖定目標族群，並透過廣告宣傳去建立認知，進而讓目標受眾產生行為。這個過程要緊抓任務，放下沒有效益的訴求，集中焦點達成廣告目標。《精準寫作》中的「ROA思考術」，就是一套從讀者界定展開的思考方式，透過目標設定促成讀者的行動，過程中幫助我們放下無用的論點與贅述的習慣，更有效的去達成寫作目的。有趣的是，一切文本皆可ROA，後來的我無論是新聞稿、公文、企劃書或是公關說帖⋯⋯等日常文書工作，都將書裡的知識化為觀念達成工作目的，貫徹「ROA思考術」。

為了精準表達對世界的愛，寫作之人要不斷升級。

回頭看自己過去寫的文字，常見的狀況是用了真情卻沒有達成讀者的理解。我想，寫作之人常對世界多情，這份感情要被人懂得，方法很重要。我們都需要不斷升級、追求精準，用自律成就寫作的自由。

洪震宇老師多年來陪伴各式各樣的學員在文字中奮戰，也同時思考著如何讓教學升級並更加精準。這本升級版的《精準寫作》，讓我看見洪震宇老師以最真誠的心，為寫作之人示範了「追求精準」的美好信念！

有效精進思考的寫作方法

文／莊慧玲（大學行政人員）

《精準寫作》啟發我對寫作的好奇。原以為寫不好是難以突破的障礙，但閱讀本書，還有洪震宇老師寫作課的大量討論與實際練習，才發現我的問題出在缺乏一套有效的思考模式。

舉凡想的不夠深入，真實想法說不出口，只能想到當下的工作，導致常被待辦事項追著跑，辛苦忙碌卻無法提升工作能力。我的困境，其實也是大多數職場工作者的問題縮影。

還好，運用洪老師這套寫作架構與思考流程，幫助我有效地突破工作難關。

用心觀察、勇於提問，先想再寫

過去四年我經常在工作上使用老師教的方法，寫公文、電子郵件及會議紀錄時都能更清楚明確，文稿更容易過關。

這套寫作方法厲害之處，在於愈練頭腦會愈清晰，還有助於研發自己的逆向工作術。

我花更多時間在事前的溝通，透過提問收集情報，弄清組織要解決的真正難題。開會

時專注聆聽，觀察高層關切的重點，轉譯成具體的指令。跨部門了解不同團隊的挑戰，或站在更高層級的立場做整體思考。

先想清楚再寫明白，讓我的工作創造更好的價值。

告訴你為何要改，也教你如何繼續想

此外，我觀察洪老師的寫作教學不斷進化。在《精準提問》、《精準敘事》陸續出版之後，老師為讀者建構了更完整的學習系統。因為教學內容都已經在書中詳述，課堂上就更重視實作與減法教學。

對於學生容易卡關的地方，老師就設計各種有趣的案例來實作。他會依學員的反應與練習成果，不斷微調修正，想辦法讓學員更好理解。範例也更貼近學員需求，更具體好記。

他提供學員的方法，雖然大架構不變，但會持續化繁為簡，直到組合出一套最精巧的實作流程。

寫作進步的關鍵在動筆寫及反覆修改。所以對於學員的作業，洪老師批改非常仔細，除了明確指出要修改的原因，他還會用一個好問題，引導你持續想出更好的內容。

與很多寫作教學書籍比較，我認為洪老師教的這套方法最簡單好用，看似簡單，卻能反向訓練我們要有意識的動腦。

好架構聚焦思緒，下筆更精準

改版的《精準寫作》新加了「寫作設計圖」，就是一個萬用的溝通架構。我自己應用在寫作上，發現了三個好處：

好處一，是能組織資訊、推敲文章佈局。簡潔框架幫助有效的輸入到輸出，分辨雜訊，或是可再好奇發掘。運用這張設計圖寫作，我意外學會不被情緒牽著走，回歸理性思考。

好處二，是用在溝通說服。人腦很硬，如何讓訊息深入人心，還能改變思維，非常困難。但是，洪老師教我們巧妙透過故事開場，鋪陳轉折變化吸引讀者。再加上寫作架構圖的每一格都是環環相扣。因此，為了對接你想溝通的人，無形間反而精煉寫作者的邏輯論述能力。

好處三，是一種反直覺、逆向挑戰自己的學習方法。設計圖的每個區塊都是訓練基本功，例如一句話說重點、釐清問題意識與故事線、金字塔架構讓文章立體有層次。學會這個基本架構，還能加以變化或延伸。

寫作設計圖已經內化成我的思考模式，提醒自己寫作的真正目的，並且透過扎實的寫作來深化學習，藉此不斷自我更新。

提筆寫作後，我過去模糊的人生故事開始鮮明。

我相信，《精準寫作》有魔法，會召喚更多讀者親身實踐，讓更多人的故事被看見。

《精準寫作》讓我突破教學瓶頸

文／劉世盈（台中市光明國中／國文科教師）

任職國中國文老師十幾年，我是在認真訓練學生寫大考作文時，才正視到自己的寫作知識不足。我希望提供學生實質的幫助，因此迫切需要能夠系統化提升學生寫作的教學工具。坊間關於考試寫作的工具書，大部分都是零碎的寫作技巧，無法滿足我的教學需求，直到我讀到《精準寫作》這本書，它徹底改變了我對寫作的理解，之後我又報名參加震宇老師的寫作線上課，完整地學習這套寫作系統。

用可靠的系統取代不靠譜的靈感

學生在考試當下能夠穩妥地組織紛亂的思緒，是大考作文得分的重要關鍵。因為分秒必爭，學生不能坐等靈感降臨，需要可靠的思考系統來因應無法預測的考題。從如何擬定主題句、如何展開段落論述，《精準寫作》都有明確的引導與規劃；我嘗試將這些觀念融入我的教學裡，幫助學生不再憑感覺寫作，而其中讓學生作文明顯升級的，就是「魚骨寫作法」。

魚骨寫作法有感解決寫作問題

我發現，魚骨寫作法達到了兩個效果。第一是改善偏離主題的問題。學生在下筆前若沒有文章的整體概念，寫到最後往往忘了題目的訴求是什麼，岔出主題首尾不連貫。《精準寫作》提到「魚頭句」概念，讓我改變教學重點；我會要求學生練習在下筆前先把紛雜的思緒梳理出段落，再提煉出每一段的主要概念當魚頭句。當他們產出各段的核心句後，就能夠循著魚骨脈絡，檢視整篇文章是否有偏離。

第二是提升寫作效率。學生習慣只憑感覺寫文章，然而邊寫邊想讓寫作更耗時，文章也會變得零碎。我的學生熟悉魚骨寫作法後，會發現已經先想好整體架構，接下來的時間就只是執行寫作，寫作時反而更加專注不再覺得心慌意亂，從「隨性書寫」變成「計畫性」書寫，大大提升了寫作的速度與品質。

令人驚喜的是，這次改版的《精準寫作》內容增設了「寫作設計圖」，震宇老師把寫作脈絡整合在一張表格裡。透過這個表格，我可以視覺化的解釋抽象的寫作結構，讓學生更便捷的整理寫作脈絡，實在太實用了！

從實例分析找到作文修改模式

《精準寫作》不僅是教我們怎麼寫作，更教會我們怎麼分析。震宇老師不管是在書中或是課堂裡，都加入範文的實作分析，非常仔細抓出問題點與提供修改建議，以及修正前

後的比較，這是一般寫作書裡不常見的、卻極度重要的部分，因為當你能夠理解老師修改的思路，也反向鞏固了自己的寫作實力，跟著震宇老師的分析步驟，我終於學會怎麼改學生的作文，並如何給予學生建議。

我也把這個模式帶進了教學中，透過檢討不同的範文，讓學生看見修改的前後差異，他們更具體地掌握自己寫作的問題。實作的磨練與典範的建立同時並進，學生對於什麼是「好」的文章，就能有更明確的認知。

重新點燃教學的熱忱與方向

近幾年，我能夠系統化地引導學生從容應對寫作挑戰，讓總是滯留在五級分的學生，最後在大考上順利拿到六級分，這個正向回饋也帶動了我對寫作教學的熱情。

《精準寫作》這本書一直放在我辦公桌旁的最顯眼位置，我會隨時翻閱、汲取新的靈感與力量，並努力將這些收穫運用到我的教學實踐中，幫助學生突破寫作的關卡。

12

洪震宇——

著

精準
寫作

增修版

精鍊思考的20堂課，
專題報告、簡報資料、企劃、文案都能精準表達

Content

目錄

前言　　　　　　　23　　寫作，人人必備的基本能力

第一部　　　　　　　　　**精準寫作的力量**

第1課　　　　　30　　寫作，簡潔傳達你的見解

從唯讀文化到讀寫文化

注意力經濟的兩難

以精準寫作創造影響力

文案寫作與簡報思考的盲點

寫作就像蓋房子，不是玩裝潢

第2課　　　　　42　　寫作，滿足讀者的服務業

讀者的時間永遠比你寶貴

站在讀者的立場寫作

第二部　**精準寫作的技術**　54

第 3 課　主題力（一）：如何發想主題

寫作力就是思考力

廣泛發想，練習水平思考

脈絡思考，梳理想法

第 4 課　主題力（二）：如何聚焦主題　64

寫作力就是聚焦力

從水平思考到聚焦思考

四種聚焦主題的思考法

引發共鳴、新奇有趣的四種主題定位

ROA 思考術，建立寫作策略

以縮短理解時間為目標

不要陷入專業的自戀

第5課　75

重點力（一）：如何讓複雜變簡單

為什麼會越寫越複雜？

向迪士尼樂園學寫作攻略

如何萃取重點？

魔術數字3的力量

寫好，不用寫滿

第6課　86

重點力（二）：魚骨寫作法，讓文章有重點更有亮點

段落思考 vs 句子思考

魚骨寫作的祕密

不要慢慢來，每段主角立刻閃亮登場

魚骨寫作個案篇

第7課　99

結構力（一）：邏輯金三角的思考內功

書寫上的快思慢想

魚骨寫作的邏輯金三角

第
8
課

110

結構力（二）：金字塔外功，讓寫作更精準

開始練習結構化思考

結構力就是創意力

跟賈伯斯學結構力

三種金字塔結構類型：時間、空間與混合

思考視覺化，寫作更精準

金字塔原理寫作法

第
9
課

123

情節力（一）：如何讓文章感動人

事實不等於真實，看完不等於理解

連結人心的情節黏力

第
10
課

134

情節力（二）：如何讓文章生動

情節要靠關節，讓文章跑起來

情節就是細節，成為文字導演

第
11
課

第
12
課

150

162

用細節營造立體感

情節要有糾結，引起情感共鳴

觀點力（一）：寫作，建立你的獨特見解

從觀察到觀點

培養原創性，建立你的見解

三種觀點運鏡力

三種觀點力運用

四種觀點力運用

四種觀點力座標，定位你的文章

運用四種觀點力定位

觀點力（二）：一語道破，勝過千言萬語

一句話最簡單有力

講明白就代表你想清楚了

創造自己的金句：打磨淬鍊文章的關鍵句

第13課　172

標題力：第一眼就決勝負

千言萬語，抵不過一句神標題

做自己的編輯，培養標題力

製造閱讀摩擦點，四原則與六技巧

標題四定位：四種標題類型

如何運用標題力六技巧

第14課　188

開場力：不是亮刀子，就是拋鉤子

從文學作品找開場彩蛋

讓自己難忘的話語，也能讓讀者難忘

開場吸引力五「S」元素

四個「一」，寫出四種開場白

第15課　201

結論力：讓健忘的讀者留下好印象

文章是為了結論而生

四種結論，強力甩尾

最強結論力：首尾呼應

第三部　精準寫作的應用

第 16 課　218

慢思考，構思你的寫作設計圖

寫作設計圖的使用方式

第 17 課　223

人物採訪篇：觀察與提問，深入瞭解再統整素材

像記者那樣思考

個案一：安親班主任的逆境轉型

個案二：教養院如何改善農業行銷

第 18 課　246

閱讀與寫作篇：運用思考轉換力，化輸入為輸出

閱讀熱潮的兩個矛盾現象

第
19
課
263

串連從讀到寫

個案一：如何寫好一篇說書稿

個案二：如何寫好一篇推薦序

企業個案篇：建立溝通、寫出價值的精準寫作

企業寫作的三大痛點

個案一：建立核心思想與論述

個案二：如何為集團企業規畫紀念刊物

第
20
課
279

結語：刻意練習，寫出你的未來

刻意練習，突破舒適圈

學好寫作，需要分拆練習

運用寫作力，建立自己的作業系統

參考書目
287

寫作,
人人必備的
基本能力

我曾是驕傲的寫作者。

寫作，的確是一種容易讓人驕傲的能力，那代表只有少數人擁有知識跟表達的能力。

十年前，我離開媒體工作，我想知道，除了寫作之外，人生還有什麼可能性？

不寫作的時候，我反而學到更多。我要大量接觸不同的人，穿梭在各種場合，從市場、廟口、田裡、海邊、餐廳、演講廳與教室，我需要打開感知天線去了解旅人、聽眾與學員的需求，哪裡開心、哪邊失神、為何感動。這些在現場的真實回饋，幫助我不斷修正調整，精進自己的表達與引導能力。

寫作反而是我的副產品。十年來，我出了七本不同主題的書（包括這一本《精準寫作》），這是滿足我的好奇心、想了解這個世界、跟世界溝通的一種方式。

我的寫作能力也隨著時間持續改變。記得我在誠品講堂開設一門「日常生活裡的文創人類學」，這是我把人類學方法，應用在企業創新、旅行、餐飲與說故事領域的十堂課。與我合作的出版社編輯，當時也參與了其中一堂課，她在現場突然覺得寫作的洪震宇，跟講課的洪震宇是截然不同的人。她還問在場的聽眾，能否比較出兩者的差異？她認為，前一種的洪震宇思考很多，文字比較厚重，後一種的洪震宇節奏很快，內容生動有趣，不僅引導聽者思考，也能打動內心。

我當時並未仔細思考兩者的差異。後來陸續又出了幾本書，文字表達更簡潔生動，我才領悟，在現場面對旅人、聽眾與讀者累積的經驗，無形中更精進了我的寫作能力。

首先是節奏。行文速度輕快有力，想法或故事要一路推進，才能讓人一頁接一頁看下

意外的寫作教學旅程

但是，我會變成一位寫作教學者，真的純屬意外。

有一次我出席講座擔任講者，一位出版社副總經理想邀請我開作文課，我當時很疑惑，現在還有人要學寫作嗎？我會寫作，但不知道如何教寫作，因此婉謝了朋友好意。

直到有一天，我陪小二女兒寫國語習作，發覺課本內容與題目很死板，一直在背誦成語跟造句，這樣的填鴨式教學，無法讓孩子理解、聯想與活用。我突發奇想，如果我來教國語會怎麼教？如果教寫作，該如何教起？

有了念頭，就開始行動。我當下列出教學課綱，經過反覆修正，發現這套寫作流程與方法不僅能教小孩，還能教大人。

同時間，我也尋找輔助教學的參考書。我翻閱了市面上各種寫作書，卻發現沒有一本能夠滿足我的教學需求。在我看來，它們的問題是：第一是沒有系統化，不易應用。這些書談了大量的技巧與觀念，但是實際運用時，不是過於零碎，就是太過抽象，造成已經嫻熟寫作的人不需要讀，而無法掌握寫作的人，卻無法應用與模仿。

其次，這些寫作書當中，要不是以銷售為目的的文案寫作，就是應付考試的作文書，卻忽略了職場上溝通表達的寫作技能。不管是企業內部溝通、或是斜槓工作者，甚至是固

去。其次是簡單。不過度雕琢文字，文句變短，文字簡單具體好理解。第三是鋪梗製造意外。經常模擬讀者感受，思考如何製造閱讀樂趣，讓他們驚訝、好奇與期待。

定撰文發表意見的人，都需要一套有系統、循序漸進引導的寫作方法，幫助寫作者撰寫與論述，有效傳達與說服。

我認為，論述才是寫作最重要的能力。當我們能把想法、經驗統整聚焦，以簡潔有力、條理分明的方式表達，就能說服他人，進行有效溝通。

解決寫作問題

二〇一八年，我嘗試跟澄意文創合開「深頁十堂寫作課」公開班，竟然吸引不少上班族報名。原來不少人都有出書的目標，或是撰寫公文、部落格，以及寫文章與顧客溝通的需求，甚至找尋未來斜槓的機會。因此，他們願意花十週的時間，下班之後來學習寫作，而且一連開了十三班。

來自各專業領域的學員，共同問題是不擅長用文字表達，平常沒時間認真思考，導致文章寫得乾澀破碎，不然就是填滿各種網路資訊，看似內容豐富，實際上無比空洞。

即使是媒體工作者，寫作也遭遇不少問題。我曾帶領一家知名財經雜誌年輕記者學習寫作，課前閱讀大家的初稿，歸納出三個寫作問題：第一、觀點不清楚，文章缺乏結構；第二、沒有消化每段要寫的重點，導致數據太多，堆積了很多內容，讀者卻不容易掌握重點；第三、文章不夠深入，缺乏精挑細選的細節與例子，無法讓讀者印象深刻。

這些問題，也是大部分職場工作者的問題。寫作是一種思考與溝通表達的能力，需要將複雜的資訊與事物重新消化整理，以有邏輯條理的方式，一字一句、一段一段精準地傳

26

達出來，幫助他人理解，達到有效溝通與說服的能力。

隨著大環境的改變、社群媒體的興起，當人人都可以直接對外界溝通時，寫作就不是少數人的特權，而是基本的溝通能力，只要你需要溝通表達，就需要寫作能力。

然而會寫作，並不等於會教寫作。我除了開寫作公開班、以及帶領好幾個媒體的寫作課，加上在企業教精準表達力，也是應用寫作課，這些不同對象、不同教學介面累積的經驗，讓我萃取出更有效的教學方法，能夠解決大部分學習寫作的問題。

這本《精準寫作》的定位，主要針對職場工作者的寫作需求，他們不要求複雜的寫作技巧，而是簡潔有力的精準溝通，這需要有系統的方法，才能有效應用。這本書也希望成為所有寫作書的基礎，讓寫作者掌握基本功之後，再去強化其他技巧。

這本書的主軸是精準寫作，具有三個重點，分別是「精簡」、「精巧」與「精深」。精簡是文字要簡潔好讀，讓人好理解；精巧是表達要生動有趣，才能吸引人；精深則要有文章深度，讓讀者有收穫，達到深入人心的目的。

為了幫助讀者提升精準寫作力，這本書成三部分，讓讀者能循序漸進地練習，分別是精準寫作的力量、精準寫作的技術，以及精準寫作的應用，每堂課都有課後練習作業，希望從概念、方法與應用來幫助讀者學習寫作基本功。這本書的示範案例，主要來自我的著作，加上公開課課堂上討論的案例，以及學員的練習內容，讓讀者更容易參考運用。

寫作是未來必備的能力

我認為，寫作不只是溝通表達，已經是未來必備的能力。《進擊：未來社會的九大生存法則》就強調，美國小學生現在不只要學習寫程式，同時也很重視寫作教育，這是每個學科的根基。「我們教孩子寫作是因為寫東西可以幫助你學習。我們用寫來表達我們的思想，同理，我們也用編程（註：寫程式）來表達我們的思想⋯⋯教人們編程的主要目的並不是幫助他們找到工作，雖然，這是個很棒的副作用。事實上，教人們編程是教他們思考。」

寫作跟寫程式一樣，需要嚴謹的邏輯思考，才能進行精準有效的溝通。每一行程式都必須扣緊主題，環環相扣，才能編寫出程式碼，驅動硬體運作。同樣的，寫作上每一段的內容、段落之間的邏輯關係，就跟每一行程式一樣，必須清晰有條理，才能達到溝通的效果。

寫作教我的事，就是保持好奇、觀察、思考與表達。只要具備這些能力，就能勇往直前，不怕被時代淘汰。我也把這套寫作方法傳授給唸小學的女兒，培養她們進擊未來的能力。

對我來說，我不只是寫作教練，仍持續在寫作的路上前行。因為我有許多主題想探索，需要透過寫作跟這個世界溝通，我的寫作旅程，才剛開始起步。

我更相信，各位讀者只要一步一步持續練習精準寫作，也能創造自己的奇幻旅程。

28

第
一
部

精準寫作
的力量

第 1 課

寫作，
簡潔傳達你的見解

這是寫作者崛起的時代。

許多人在網路、部落格、社群媒體書寫，表達自己的想法；或是當小編，透過網站、電商來行銷，展現專業，經營自己的事業。

我們也運用文字與照片，在網路上呈現私底下的日常生活。現在大多數人的手指幾乎整天都離不開鍵盤，二十五年前可不是這麼一回事，」《微寫作》指出，「現在我們寫作不是為了接受某種評鑑，而是為了溝通、娛樂、遊說，或是為了贏得他人的注意。」

將寫作融入日常生活。現在大多數人的手指幾乎整天都離不開鍵盤。「我們有前所未有的機會

從唯讀文化到讀寫文化

過去，寫作被認為是少數菁英的職業；甚至在十多年前，寫作還被視為只是為了應付考試，跟我們的生活與工作無關。在二〇〇七年數位科技大爆發之前，當時智慧型手機、臉書與Twitter尚未推出，網路只有部落格，書寫者很有限，大多數人仍處於被動接收訊息的狀態。

那時的電影、電視、報紙、書籍與廣播，都是單向傳播給消費者、讀者，人們只能被動觀賞、閱讀與聆聽，這是一種無法主動參與的「唯讀文化」，最多只有讀者來函、讀者投書，可以表達的管道很有限。

數位科技大爆發之後，結合電腦、手機與網路科技的交會力量，寫作的門檻變低，

讀者從被動的「唯讀文化」，到主動參與的「讀寫文化」。人人都能寫作，都能成為自媒體，不用投稿與審稿，想寫就寫，想貼就貼，只要文章有趣有意思，自然就會有讀者按讚與追隨。

注意力經濟的兩難

然而，這也是寫作者被淹沒的時代。

我們清醒的時候，幾乎都在閱讀，也隨時都能寫作，發表意見。「部落客和他們的讀者顛覆了注意力產業的生態——言論和注意力都被民主化，『大家』都有機會當講者和觀眾。」吳修銘（Tim Wu）在《注意力商人》中這麼評論。

人人都在爭奪大眾的注意力，希望創造自己的注意力經濟。我們身處資訊充斥的世界，有各種出版品、各種類型的文字作品，這不再是一個小池塘，而是流速日益湍急、河道日益寬廣、水流越來越強勁的大河。

讀者的注意力被大量的零碎訊息切割，無法專心聚焦。身在其中的寫作者，更被洶湧而來的其他競爭文章給淹沒。網路小編每天都要固定大量發文，不然就會被更多的文章洗版，成為資訊洪流的泡沫。

網路讓我們自由，也讓我們不自由。網路讓我們得以自由書寫，找尋大量資料，充分表達自己的特色與想法；相對的，也讓我們陷入注意力商人鋪天蓋地的消費大網之中，好

像人們只能成為被操弄的消費者。

《網路讓我們變笨？》說明，網際網路鼓勵我們用打游擊的方式採集細碎的資訊，並且不斷被各種訊息干擾，加上習慣快速略讀，失去了專注與沉思的能力，也將思想和記憶交付給強大的雲端系統，我們身而為人的知性與感性，正在慢慢消逝。

然而在網路經濟下，又打開了許多兼職、斜槓與一人公司創業的契機。除了透過部落格、網站、社群媒體來書寫表達自己的想法、專業，或是推銷服務或產品，也有更多人想透過寫作來進行自我探索，傳達自己的興趣、熱情，跟更多人交流，找尋各種改變現狀的機會。

與其成為被動的消費者、閱讀者，不如成為主動積極、運用深度思考的寫作者。藉由有組織的輸入與輸出的寫作過程，增加思考厚度，不人云亦云，才能有效抵禦注意力商人的操弄，透過寫作建立更多的正面連結，開拓自己人生的疆域。

以精準寫作創造影響力

我們該如何運用寫作來強化深度思考？

《眾媒時代，人人該如何做內容》分析了上百萬篇樣本，歸納出文章被大量分享的四個原因：**文章具有結論與清楚的觀點、長篇大論更容易被分享、引發讀者情緒變化與有影響力的內容**。

從這個結論可以發現，被大量轉發的文章，是兼具理性論述思考，以及感性連結的寫作力，我稱為「精準寫作的技術」。

精準寫作是什麼？

精準寫作跟一般寫作、文案寫作有什麼差異？我認為精準寫作著重在，**對讀者有精準的溝通效果**。包括有明確的觀點，清楚的邏輯、文章有結構，內容具體，文字簡潔有力，能夠站在讀者角度，滿足讀者閱讀的需求。

精準寫作可以拆解成兩個角度。首先是「精」，有三個特色，分別是「精簡」、「精巧」與「精深」。精簡是文字要簡潔好讀，讓人好理解，精巧是表達要生動有趣，才能吸引人，精深則要有文章深度，讓讀者有收穫，達到深入人心的目的。

另個角度是「準」。準在於重視讀者需

表1-1，精準寫作的定義

精準寫作

・精簡
・精巧
・精深

・設定溝通對象
・了解讀者的需求、痛點與期待
・滿足、解決讀者問題，進而改變原本認知

長文寫作對抗淺薄思考

寫作是心智綜合能力的呈現。有英文寫作聖經之稱的《寫作風格的意識》，就強調寫作之難，在於如何把零散抽象如網狀的想法，透過有層次的樹狀結構，展現在一字一句依序出現的語句中，讓讀者有效解讀。

學好寫作，就能學好思考。 寫作是掌握點線面的思考能力，作者要先把自己的想法整理清楚，才能運用寫作技巧，精確地傳達給讀者，幫助他們理解，達到有效溝通說服的效果。

網路時代，更需要學習運用精準寫作傳達的長文寫作，來對抗淺薄思考。資深編輯康文炳在《深度報導寫作》指出，現代人用文字溝通的機會增加，但也讓寫作更零碎化、淺薄化、草率、不深刻，長文寫作成為瀕臨失傳的技能。

求與感受，前提是要先設定溝通的對象，接著站在讀者角度思考，了解讀者的需求、痛點與期待，再來設定文章如何能滿足、解決讀者的問題，進而改變原本認知。經過深思熟慮之後，才能將寫作的「精簡」、「精巧」與「精深」三個特色，徹底執行到位。

在這個前提下，精準寫作首重精確的邏輯表達，論理清楚，挑選重要細節、數據與例子，讓讀者了解、產生認同與共鳴，而非只是美感文字的修飾。

文案寫作與簡報思考的盲點

目前職場關於寫作應用的能力有兩種：文案寫作與簡報技巧。這兩種技巧雖然以溝通為目的，操作上卻容易產生內容零碎化、片面，和不深刻的問題。

寫文案前的打磨功夫

我觀察市面上各種關於寫作的書籍、線上或線下課程，都是以推銷商品、講求變現吸睛的文案寫作為主。人人都想當注意力商人，學習廣告行銷的寫作套路，希望迅速就能透過文案來行銷變現。

然而，看似精簡的文案，背後卻需要強大的寫作與思考基礎。寫文案之前得做扎實的功課，包括了解產品、市場趨勢，接著再切入消費者定位、產品定位，有了完整想法之後，再來則是如何用簡潔有力、不花俏的文字、標題，迅速擷取讀者的注意力，進而打動內心痛點，這是一個很精密的打磨過程。

現在大家想學習的文案寫作，卻是形式上輕薄短小的行銷文。如果大家只學習這種文字書寫，就難以顧及內容要有結論與清楚的觀點、以及引發讀者情緒變化的效果。我認為，這才是一篇深具影響力的文章該有的元素。大家應該先打好寫作基礎，再學習短文案技巧，就不會有所失衡。

簡報思考容易片段化、聽者難以整體思考

再者，是上班族最喜歡學習的簡報技巧。簡報其實跟寫作不同，是以一張張投影片為單位，運用圖片與簡單文字，每張傳達一個訊息，我稱為「簡報思考」。

我在實體的寫作課上，一位數位金融專業的學員告訴我，她可以快速製作簡報，卻不會寫作，即使要將簡報訊息組織成有條有理的文字，也不知該從何著手。這個問題出在只用一頁頁投影片的片段思考，而非整體的結構思考。

簡報思考除了造成片段化的問題，也容易出現聽者無法完整思考的問題。因為每張投影片都是快速傳達重點與結論，聽者很容易看到下一張就忘了前幾張的重點，甚至會抓不到報告的整體脈絡，當下好像聽懂了，結束後卻無法有效回溯思考。

亞馬遜推崇的寫作思考

亞馬遜執行長貝佐斯每週要參與公司內部幾十場簡報會議，發現會後重新閱讀內容，卻不知道想表達什麼，因此貝佐斯規定，不准員工在會議上使用投影片。簡報內容要以文章形式呈現，讓與會者只要閱讀資料就能理解。

貝佐斯進一步要求，簡報者只能用最少一頁或最多六頁的A4紙呈現內容。簡報者必須先有清晰深入的思考，用完整方式表達自己的思想，也就是要構思主題、目的、對象、重點與如何說服，有開場，有結論，接著一段一段、一字一句寫出來，這其實比PPT難

寫。

亞馬遜會議的變革，說明了用「寫作思考」來改善簡報思考的問題。「在亞馬遜，能否邏輯清晰、簡潔有力地寫出一篇文章，是非常重要的能力，」《Amazon的人為什麼這麼厲害？》寫道。

不管是簡報思考或寫作思考，關鍵都是思考。**先思考，再寫作**，傳達清晰有邏輯的想法，幫助聽者和讀者擁有完整脈絡、了解重點、理解整體內容，就能被你的主張跟結論說服。

寫作就像蓋房子，不是玩裝潢

知名高中公民教師黃益中的著作《向高牆說不》，曾描寫一個奇特的寫作現象。他受邀擔任某基金會徵文比賽的評審，看了一百多篇稿件，內心很納悶，為什麼九○%的文章都很像？

雖然黃益中沒提到徵文題目，但我猜想主題應該跟感謝、感恩有關。作者說，細看之下，這些文章都運用了「起、承、轉、合」的模式。文章開頭的「起」，會敘述作者的問題與缺點；接著進入「承」的階段，發生親人或寵物往生；再來是「轉」，作者的頓悟或悔悟；；最後的「合」就是感謝，要成為「做一個更好的人」。

然而，評審最後選出的前幾名，並沒有採取上述的模式，內容簡單明瞭，讀來自然

真誠不矯情。黃益中認為，作文已被考試限制得太深，從老師到學生都被局限在「起承轉合」的框架裡，更限制了學生的思考，生出一篇又一篇匠氣十足的摹本。

「台灣學生每天的上課時數是全世界最久，結果只能寫出『摹本』，這不是很可悲嗎？」他強調。

別再「作文」了

摹本的出現，不一定是起承轉合的問題，但反映出寫作者硬生生地套用範文，無法自行活用，導致內容千篇一律。

我們目前的作文教育，比較偏向文學性表述，缺乏以思辨為主的理性論述。作家楊照在專欄文章〈學習論辯、說服，別再「作文」了〉寫道：「我們的作文考的，就真的是『作文』，不是形成思想、表達思想、並努力試圖說服別人接受你的思想，而是一套固定運用文字的模式，對這套模式越熟練，用了越複雜的句法，越多的成語，就能得到越高的分數。」

訓練邏輯，而非只求文字美感

若想要掌握在職場上好溝通的精準寫作技術，首先應該是訓練我們的邏輯，而非只是文字美感。在寫作過程中，作者需要區別**客觀事實**與**主觀想法**，要根據不同資料、訊息與事實，進行推論與證明，來建立有說服力的論述。

訓練獨立思考

《邱吉爾與歐威爾》就引述邱吉爾對寫作的見解：「寫書與蓋房子無異。」寫文章需要先打好地基，再把素材組合起來，房子才會穩當。他會思忖整句話的重要性，接著思考段落的構成，哪些段落「必須像火車車廂的自動聯結器一樣相互配合」。

目前的寫作教育，卻不是在蓋房子，反而像室內設計的裝潢，講求美感、細節、造句及修辭，而非想法、主張、論點與邏輯。如果不先蓋好房子，要怎麼做室內裝潢呢？這個問題也造成我們無法把寫作應用在職場上，甚至讓人畏懼寫作。

精準寫作也是獨立思考的訓練。寫作不是自說自話，而是有效的溝通對話，作者不能只是大量複製、引用他人的內容，需要有自己的觀點。在呈現個人獨一無二的想法之前，需要仔細瞭解他人的觀點與立場，從中找出可能的缺失與不足之處，再提出新的看法。

練習觀察與感受

精準寫作同時是觀察與感受的訓練。寫作不只需要讀書、找資料，更要學習採訪、溝通、提問與觀察，對世界充滿好奇心，能夠自主尋找答案，再透過寫作將自己的想法和觀察組織起來，有效傳達溝通。

《一九八四》作者歐威爾發表的最後一篇文章，是對邱吉爾的回憶錄第二卷〈最光輝的時刻〉所寫的書評。他認為，邱吉爾基本上是一名記者，即使他沒有過人的文學長才，

也有扎實的文筆。他還有一顆永不停歇的好奇心，對具體的事實和動機的分析都很感興趣。

我們都可以成為現代的邱吉爾。只要掌握精準寫作的技術，寫作者就不會被時代淹沒，還能創造自己的時代。

回顧與練習

這堂課教大家運用思考力培養寫作力。構思寫作的過程就像蓋房子，要有穩固的地基與扎實的結構。

練習1

精準介紹自己：請你想一想，能否用三個特色說明自己的專業，讓普通人快速了解你的專業，主要是解決什麼問題？

練習2

了解自己學習寫作的目的：請想想，你希望透過寫作達到什麼目標？是傳達專業影響力、銷售自己的產品或服務，還是自我探索，或是留下日常生活的紀錄？這樣才能有明確的需求與問題意識，幫助你聚焦每堂課的課後練習。

第 2 課

寫作，
滿足讀者的服務業

你有沒有想過，你的讀者長什麼樣子？他會如何閱讀你的文章？逐字逐句細讀，還是滑動手機頁面快速瀏覽，跳過你用心耕耘的字句？

十五年前，我擔任財經記者時，主編過好幾年的《天下雜誌——一千大特刊》。這本刊物調查報導台灣每年營收排名最高的前一千大企業，得蒐集與查核數千家企業的財務數字，還要採訪傑出企業，寫出扎實的分析，並預測未來趨勢。

有一年出刊之後，我想了解讀者怎麼看這本讓我們耗費心力的作品。下班後，我在誠品敦南店雜誌區站了三個小時，觀察讀者如何挑雜誌、翻雜誌，如果拿起這本特刊，他會瀏覽哪些內容，會看多久？會買這本刊物嗎？

那天我細數有三十多位讀者拿起這本刊物翻閱，有人捧著細讀，但大部分人都只是翻一翻，查看排名，瀏覽幾篇文章，結帳的人不超過十位。

那次的經驗震撼了我。我們在編輯會議談起讀者需求，講得都頭頭是道，其實根本就沒觀察過陌生讀者——他們怎麼讀你的文章？從哪裡開始看？記者重視的內容，就是讀者在意的內容嗎？

讀者的時間永遠比你寶貴

我在自己開設的寫作課第一堂，都會提供從網站下載的兩家知名企業的簡介，先請學員讀完，並發表意見。大家的共同感想是，除了企業名稱不同，其他內容都大同小異，其

中出現很多抽象的用語，例如創新、永續、卓越、競爭力來強調自己的公司特色，再來就是有很多介紹各種產品或計畫的專業術語。

我會問大家，這個公司簡介是要寫給誰看的，讀者是誰？是員工、客戶、投資人，還是想應徵的人？通常大家的回應都是「寫給老闆一個人看的！」接著轟然大笑。

半小時之後，我再請學員複述公司簡介的重點，大部分的人都忘了，因為內容裡沒有具體、又能留下記憶的重點。

《少說廢話》認為，文章的「意義比例」決定溝通成效，意義比例＝有意義的詞彙量／全部詞彙量，如果文章有一半的字詞不具意義，就會阻礙理解，理想的文章意義比例至少要達到八〇％，才能讀得下去。

讀者花了時間看完文章，結果一無所獲，甚至記不住，要責怪讀者，還是寫作者？

《少說廢話》強調，寫作的唯一鐵則，就是「讀者的時間比你的寶貴」。「因為這個世界充滿了廢話，我們也被意義模糊又拐彎抹角的雜燴文章給淹沒了。」作者喬許．柏納夫（Josh Bernoff）說。

我們不尊重讀者，讀者也不會尊重我們。 除了寫私密日記是跟自己溝通之外，寫作都是針對特定的讀者溝通，不論是同事、主管、大眾，還是顧客，每個人的需求、立場都不

站在讀者的立場寫作

44

同，了解對方的期待與需求，才能在他們的腦中烙下我們想傳遞的訊息。

因此，寫作就是滿足讀者的服務業。若想讓讀者重視你的文章，就要寫出滿足他們需求與期待的內容，幫助他們理解、讀懂你的文章。

不要陷入專業的自戀

我每次的寫作課，總是會開宗明義地說「寫作就是滿足讀者的服務業」，學員都非常驚訝。在他們的認知中，寫作不就是寫出自己的感受，跟著感覺走，想到哪，寫到哪，怎麼還要去思考如何服務讀者？

一直到學員互相討論彼此的文章作業時，才發現讀者（其他學員）看不懂自己想表達的內容，就跟那些企業簡介一樣，得到「看不懂、記不住」的評語，大家才體悟到，要先換位思考，從讀者角度來檢視自己的文章，否則永遠是自說自話，無法進行有效的溝通。

寫作前沒有先設定溝通對象，導致寫出無效溝通的文章，主要有兩個原因：第一是傳統寫作教育沒有教我們認識讀者，站在讀者的角度思考事情；第二是我們被自己的專業給蒙蔽，缺乏同理心。

《美國讀寫教育改革教我們的六件事》這本書，引用美國國家教育學院提出《成為閱讀者國家》的報告，美國過去只教文法、字句的寫作教學，並沒有提升學生的寫作能力，只有讓學生針對特定讀者、從事更多有具體溝通目標的寫作，才能進一步學習寫作。

「寫作的第一課，不是起承轉合，而是認識讀者。……是指練習寫作時，學生應該是在面對真實、或假想的特定對象發表自己的意見。」《美國讀寫教育改革教我們的六件事》強調。

我們的寫作教育設定的讀者，可能都是國文老師、閱卷老師，這是一種上對下的評分，而非水平多元的想像，導致我們缺乏對各種讀者的想像，更難具體對話。

此外，我們也經常不自覺就寫出太多抽象、充斥專業術語、意義比例太低、讓讀者無法理解的文章。《寫作風格的意識》強調，這是「知識的詛咒」，因為過多的專業知識，讓作者無法想像與感受別人跟我們的差異，自戀地描述他們行內著迷的事，沒有充分給予背景知識，幫助讀者理解。這個結果造成專家被自己的知識給詛咒了。

作者有責任要用深入淺出的文字，幫助讀者了解問題，並提供具體建議。愛因斯坦就曾說過：「如果你無法簡單說明一件事，就表示你對它了解得不夠。」

以縮短理解時間為目標

寫作要服務的對象，並不好伺候。因為讀者的注意力有限，電腦、手機螢幕上又時時有其他競爭者在搶奪注意力，偏偏寫作需要引導讀者全心投入，既要抓住他們的注意力，又得讓他們願意花時間深入閱讀。

最大的關鍵，就是能不能幫讀者「省時間」。省時間不是真的節省閱讀時間，而是縮

短讀者理解的時間。當讀者看不懂、不了解、需要花腦力解讀時，很可能就會跳離，馬上離你而去。

法國認知心理學家史坦尼斯勒斯·狄漢（Stanislas Dehaene），在《大腦與閱讀》指出，從人類演化來看，文字出現的時間太短了，短到還來不及設計閱讀專屬的神經迴路。《大腦與閱讀》分析，眼睛是很差勁的掃描者，視網膜中間有一小塊地方叫「中央小窩」，只有這裡才有高解析度的神經細胞。閱讀時，眼球跳動，一字一句解讀，才能把新訊息送到中央小窩。

因此，閱讀時必須集中視力，逐字逐句掃讀，先了解字句形音義的意思，再解讀字句串連成段落之後的脈絡，才能掌握訊息的整體意義。這個閱讀過程非常燒腦，如果句子過長、內容太複雜，跟自己沒有太多連結，很快就會失去興趣。

既然閱讀是一件苦差事，高明的作者就要降低閱讀障礙，幫助讀者更快、更好地理解文章，而且願意花時間仔細閱讀，才能達到有效的溝通與說服。

這一切，無非都是為了進入讀者的大腦而努力。如果你讓讀者太過燒腦，讀者就有權力選擇不讀，你耗費時間努力思考、撰寫的文章，豈不是就白費了？如果經過你的燒腦，讓讀者不費力地閱讀，還能支持、認同你的見解，這不是服務業，什麼才是服務業？

ROA思考術，建立寫作策略

寫作是滿足讀者的服務業，這件事不能只是口號，需要有方法徹底執行。以往的記者、專業作家背後，都有一位經驗豐富的編輯幫忙把關，協助他們確認讀者定位、修訂內容，否則記者與作家的稿子都只是初稿。

但是這個人人都可以寫作的時代，並沒有專業編輯幫忙，寫作者自己就要扮演雙重角色，兼任熱情的作者與冷靜的編輯，才能讓自己的文章有品質。

就像經營企業、領導團隊都需要策略思考，寫作之前，也要建立寫作策略。

策略就是先有目標與方向，再找出達到目標的方法路徑。寫作策略也是先有目標，再運用「精準寫作的技術」，完成目標。

寫作的目的，就是希望改變讀者的認知與想法，不是幫助他們更加了解狀況，就是對某件事有不同的看法或領悟。如果看完沒有任何改變，就是浪

Reader	Object	Action
讀者是誰	目的為何	希望讀者之後 能做些什麼

表2-1，ROA思考術

48

費讀者時間。

寫作策略就是作者希望改變讀者想法、自問自答的「ＲＯＡ思考術」。包括讀者是誰（Reader）？目的為何，希望改變他們什麼想法（Objective）？希望讀者看完之後產生什麼行動、能夠做些什麼（Action）？

讀者：設想讀者的樣貌與情境

首先，要先定位你的讀者，也就是幫助寫作者去思考溝通對象的樣貌、生活或工作情境，他們關注什麼，遇到什麼問題、產生什麼痛點？越具體的想像，越能幫助我們更靠近讀者的感受，隨時問自己，「他看得懂嗎？這是他在意、關心的嗎？」寫出來的文章，就不會陷入自說自話的狀況。

這也是一種換位思考，那就像附身在讀者身上，去了解他們的觀點、感受與需求。奧美廣告創辦人奧格威就有句名言：「讀者不是笨蛋，他是你的另一半。」

「小說家必須具備惡魔般的附身能力，在不同人體之間移動，也就是在不同角色之間移動。設法跳脫出來，觀察或感覺其他人類觀點，必須以精確而具說服力的手法呈現各種角色的眼中世界。應該成為各種人類的代言人，透過他們的眼睛看世界，體驗他們的感覺，接受他們那些最愚蠢而根深柢固的意見。」《大師的小說強迫症》作者約翰‧加德納（John Gardner）說。

目的：傳達什麼重點，改變讀者什麼想法

你希望讀者支持你的提案，購買你的產品嗎？還是認同你的訴求與理念，或是學會你提供的具體方法，甚至改變他們對某件事情的認知？

這就是你寫作的目的。要先有一個目標設定，這能夠幫助你（寫作者）聚焦，去看清楚讀者原本的認知是什麼？找出你想傳達的重點，你才能透過寫作來改變讀者的想法。目的如果不清楚，文章就會不清楚，導致什麼都寫，卻沒有太多記憶點。

就像許多企業簡介出現的問題，就在於沒有讀者定位，也沒有設定目的，只是交代企業的大小事，就像流水帳，讀者毫不關心；或是寫出很多空泛的詞彙，成為自我感覺良好的口號，讀者也無法理解。

如果企業簡介的目的是吸引人才，就要明確寫出對人才的需求、企業本身的特色，以及未來具體的規劃；如果是想傳達社會責任的公益形象，就針對企業社會責任多加著墨；若是想吸引顧客上門，就要針對產品研發、服務能力提出具體案例。

有了清楚的讀者定位，加上明確的目的，在寫作上就有了具體的依據，能夠針對特定讀者製造鮮明的印象，而非空泛抽象的字眼。「觀察力敏銳的作家有許多優勢，其中之一是可以用具體的方式說故事，而不是用脆弱的抽象思考。設法用很多細節呈現筆下角色的感覺。作家寫的東西越抽象，浮現在讀者腦海的畫面就越不生動。」《大師的小說強迫症》強調。

行動：期待讀者看完文章後，能做什麼行動

許多作者容易忽略讀者讀完文章之後的需求。讀者改變認知之後，還可以做什麼事？讀者改變認知之後，還可以做什麼事？激發他實際參與改變，而不是被動地按讚。例如積極分享給其他人、實際執行提升健康的方法，或是購買你的東西、參與你的活動、投履歷到你的公司……

過去單向傳遞的唯讀文化，讀者無法產生太多行動，現在是多面向溝通的參與式讀寫文化，讀者可以回應、還能分享、修改、批判，作者反而要多思考，服務讀者要徹底一點，希望他們做些什麼，文章結尾就要提供更多資訊，引導讀者進一步參與，才能發揮寫作的力量。

運用ROA寫作策略思考，寫作課的學員都發現，這個方法能協助他們想清楚方向，更能聚焦，不會在寫完之後才發現，跟原本設定的方向不同，反而要重寫，更划不來。

舉一個寫作課學員運用ROA思考術的例子。這位學員是社工，想寫腦中風病患的主題。這個題目很大，可寫的內容很多，必須要聚焦。討論之後的ROA策略如下：

R（讀者是誰）：腦中風病患的家屬。因為腦中風病患需要長期復健，但是家屬會遇到很大的衝擊，一時慌亂下，容易驚慌失措，必須幫助他們度過難關。

O（目的為何）：協助家屬找到心理諮商的資源，以及外在資源（例如政府補助、基金會資源與志工）；還有病患出院後，如何在家中復健的照料方式，協助他們照顧病患，

也能獲得具體支援。

A（希望讀者之後能做些什麼）：相關資源的網站與電話。

經過ROA的思考之後，寫作內容就會很清楚，完全針對病患家屬遇到的問題，以及具體改善的方法，加上列出相關資源的網站與電話，讓家屬能夠有諮詢對象。

讀者是現實的，所以作者要比讀者更現實。作者得站在讀者的角度，透過ROA思考術時提醒自己：❶解決讀者說不出口的痛點，❷幫助他們理解，❸提供具體行動的方法與資源，讓讀者有收穫，這樣才能夠「寫出影響力」。

回顧與練習

這堂課教你認識你的讀者，透過ROA思考術，建立你的寫作策略。

練習1

建立寫作策略：請你先想想，最想對什麼類型的讀者（R）溝通？他們原本的認知是什麼，你想改變的目標（O）是什麼？你希望讀者能做出什麼實際行動（A）？

52

第二部

精準寫作
的技術

第 3 課

主題力（二）

如何
發想主題

我當《天下雜誌》記者時，每個月都要報題目（後來改為半月刊，每半個月就要提報），那是壓力最大、最緊張的時刻。因為你不僅要思考主題、讀者是誰，還要想他為什麼要看？內容要產生什麼影響？題目已經很難想了，還要思考這麼多相關問題。

題目會議那天，記者輪流上台報告，看著底下滿滿的同仁、主管、總編輯與發行人，開始秀出一張張投影片。如果沒有引起太多關切與討論，在沉寂的氣氛下，發行人都會提出一個簡單的問題：「你的主題是什麼？你到底想說什麼？」

於是我們就更仔細說明與補充，往往越解釋越亂，到最後大家也弄不清楚你到底要說什麼？發行人又會提出有力的結論：「你講不清楚，讀者就更不清楚，你得要再想清楚主題，下次再報告。」

這一連串問題，都是強迫我們思考得更清楚透徹。主題沒想清楚，文章就沒有明確的範圍與方向，造成什麼都想寫；什麼都寫，最後就容易失焦。讀者可沒耐心，注意力瞬間就轉移，花這麼多時間寫的內容，就白費工夫了。

就像發行人的提問：「你想說什麼？」就是在問，你要寫什麼主題？職場上的書信往來、製作簡報、寫企劃書，或是在部落格、社群媒體寫文章，都要找出主題才能開始撰寫內容。

不是馬上開始寫，而是先「想」，先知道終點，才知道為何出發，才能鋪好前進軌道，讓主題列車全速前進。

主題力就是「找出主題的能力」。「思考」在其中扮演槓桿的力量，幫助設定範圍，

找到主題核心，才能有效達成寫作目標。

寫作力就是思考力

寫作並不難，寫出來就行了。但是為什麼那麼多人寫不好，甚至畏懼寫作？

沒有好的思考訓練，導致我們的溝通表達出問題。寫作就像冰山一角。海平面之上是寫作呈現的內容，但是支撐寫作內容的無形力量，卻是海平面以下、比例占八分之七、肉眼看不見的冰山。

因此，想學好寫作，不是馬上學寫作技巧，而是先不寫作，先學思考。

以我在大學商學院ＥＭＢＡ授課的經驗為例，學員都是中高階主管、創業者，在思考邏輯上仍有因果關係混亂的現象，或是創意思考不足以致掌握不到重點、難以產生看法的問題。

專業職場人仍需要透過有架構、有步驟的引導，持續討論練習，才會發現自己思考的不完整，或是找到潛在的關聯創意，有效解決工作問題。

不論是口語表達、文字書寫，甚至簡報呈現，如果能讓對方印象深刻、釐清思考糾結的內容，往往都是能讓人一目瞭然，或者三言兩語直指核心，再透過有條有理的說服。

支撐這種流暢表達的力量，就是思考力。既然學寫作的第一步是學思考，思考範圍這麼大，要從哪裡學起？

56

廣泛發想，練習水平思考

要練習主動思考，就要召開腦內題目會議。主題力是從發散到收斂的過程，先從廣泛發想的水平思考，大量發想可能性，最後才能聚焦出有趣、具體、好發揮的主題。

這堂主題力分兩步驟，先練習水平思考，再練習如何梳理成有方向、有組織的**脈絡思考**。

水平思考的關鍵字，就是「還有呢」。我們需要的是大量的想法，哪怕是零碎、混亂的點子都好，最怕的是什麼想法都沒有。就像學習創意思考，唯一的原則，就是先有大量的創意點子，才能慢慢釐清整理，找出最棒的點子。

我們先假設自己是總編輯，透過自問自答，引導另一個記者自由發想。關於這個主題，我有什麼想法，可以隨意寫在紙上或便利貼上，一直問自己還有呢？還有沒有？再多想想！先有大量的點，才能去串連相關的點子。

表3-1，主題力的思考法

主題力 ─ 水平思考 ─「還有呢？」─ 點子、關鍵字

主題力 ─ 脈絡思考（關聯思考）─「來龍去脈」─ 5W1H

比方說，主管要你報告下一季消費趨勢，得先找出三個關鍵字，「下一季」、「消費」與「趨勢」。「下一季」是時間範圍，「趨勢」是從過去推估未來變化，因此最關鍵的核心是「消費」。

消費的主題太大了。你要先從「ROA」來思考，幫忙訂出座標。讀者是誰？主管的需求是什麼？希望知道消費有什麼變化？主管看完你的報告後要採取什麼行動？應該是根據消費趨勢，研擬出行銷與創新研發的計畫。

有了ROA的座標，題目會議就開始進入水平發想。主管想知道哪些消費變化？性別？年齡？區域？產品？如果是手搖茶飲業，就要鎖定：主要客層是誰？過去一季熱門茶飲產品是什麼？哪些年齡層、區域、哪種茶款最受歡迎、哪種水果、哪個時段？個人消費狀況、公司行號集體訂購狀況？

一連串的水平發想，沒有一定的因果關係或關聯，只要盡量去開發延伸腦袋中的想法，最後再去找彼此的連結點與脈絡關係。

又譬如，我的小五女兒回家要寫的作文，老師給的題目是「因為⋯�⋯所以我現在很幸福」。這個題目太抽象了，必須練習具體想像，父母或學生本人也要開題目會議，將抽象模糊的「幸福」連結到自己的經驗。

先找出一個限制範圍。例如最近有什麼讓你很開心、很有成就感、很難忘的事情，把這些經驗感受都寫下來。像是考試、才藝比賽或家族旅行，透過具體有感受的事件，讓自己擴充想法。

58

我女兒不知道要如何去想像「幸福」。我慢慢引導她回想，這幾個月是否有難忘的事？她一時也沒有想法。我提醒她最近才參加桌球個人單打比賽，過去一直沒有打出好成績，但這次屢次擊敗強敵，最後打到前十六強，會不會很難忘？以這個經驗引導她思考，她立刻就有感覺，接著再問記得哪些經驗、場景、細節與感受，從這些三元素去連結「幸福」。

例如賽前的持續練習、模擬對手可能的戰術、賽前的熱身、每場比賽對戰的細節、勝利與失敗的感想……每個細節與感受，有感覺的畫面都盡量寫下來。

透過水平思考鼓勵自己多想想，一直問「還有嗎？」把點子慢慢從腦袋中拉出來，一開始可能會很辛苦，但是多練習、多自我挑戰，讓不常運用、慣性思考的大腦多活動，就像舉重一樣，透過壓力增強創意肌肉，點子慢慢就會越來越多。

脈絡思考，梳理想法

當迸出很多點子與關鍵字之後，就要進入第二階段。嘗試找出這些想法、關鍵字之間的關係，彼此有沒有連結？把這些散落的點串起來。

找出各元素之間關係的思考過程，叫做脈絡思考，或是關聯思考。這個過程是嘗試去組織、整理、探索散落想法之間的連結性，看出背後之間的關聯與意義。

脈絡思考讓我們有高度與整體觀，不被眼前的表象影響，隨便就丟出答案，反而要仔

細觀察、思考與查證，才知道事情演變不是如表面所見這麼簡單，一定是不同元素之間相互運作的結果。

從水平思考進階到脈絡思考，就是開始思考哪些點子彼此有關，再刪掉無關的點子，嘗試為相關聯的點子找出先後順序，或是彼此相互影響的關係是什麼？

接著，再以更簡單的架構來運用脈絡思考。我們常聽到5W1H，就是何人（Who）、何事（What）、何時（When）、何地（Where）、為何（Why）與如何（How），這是一種思考事情發生先後順序、相互影響的過程，其實就是脈絡思考。

我們可以把這些點子、關鍵字放在5W1H框架中，有效整理與思考。例如手搖飲產業的下一季趨勢變化，先要知道上一季、上兩季有什麼脈絡？比方哪些茶飲（What）特別熱門，必須推敲原因，誰（Who）喝得多？何時？跟季節變化有關嗎？早上、中午或晚上（When）特別熱門？跟季節、溫度變化（Why）有關嗎？哪些區域、中南部、城市、鄉村（Where）？消費者如何購買熱門茶飲，一個人還是企業採購（How）？一次買多少（How Much）？。

這個推敲過程，透過時空情境的具體思考與想像，就能幫助我們有效整理散亂的資料、想法與關鍵字，找出背後的運作與關鍵字背後的關鍵字，刪除看似有關、實際無關的元素。

透過5W1H的思考過程，就能大致了解手搖飲產業上一季，甚至過去一年的變化，可能還要去追溯你們公司，或是找到整體手搖飲產業，甚至去找手搖飲原料供應商的供貨

資料，彙整出去年同期（或下一季）的脈絡，才能推估今年下一季的變化。

如果再更聚焦主題，也許就是找出去年同一季前十大熱門、以及不熱門茶飲的內容，透過具體產品的變化，找出主題範圍，就能往下聚焦，去找尋更具體、更細節的資料與內容；或者是針對消費者、各個手搖飲加盟店進行初步訪談，了解實際狀況。

針對「因為⋯⋯所以我現在很幸福」這類抽象的題目，我們先水平發想，找出可能的主題（例如旅行、家人聚餐、重要表演），我跟女兒討論的主題範圍就是桌球比賽，也找出一些主要關鍵字⋯賽前訓練、現場每個比賽過程、每個對手、每局狀況，賽後的感想。

接著就可以用５Ｗ１Ｈ脈絡思考法，將這些零散的關鍵字分類，放入每個格子中，找出這三元素之間的關係。假設比賽過程中，吃便當、小點心可以提振心情與士氣，就可放入，萬一其實不影響大局，就要刪除。如果聽到教練的戰術或鼓勵，甚至是隊友的打氣，都對比賽有影響，就應該記下來，找到跟其他元素的關聯。

從水平思考到脈絡思考，我們的思考力就已經出現巨大的變化，比較重要、吸引人的主題，也慢慢成形。

寫作的主題力鍛鍊，也是創意發想的過程。廣告大師楊傑美（James Webb Young）在《創意的生成》提到：「創意是舊元素的重新組合，但在重組之前，必須要能看到不同事物之間的關聯性。」

善用便利貼整理創意

我在寫作課教學員發想主題時，也會運用便利貼幫助思考。先把各種點子寫在便利貼上，最後再收攏找關聯，將相關類型的便利貼集結在一起。有位學員運用這個便利貼方法，教唸小學的兒子作文，讓孩子透過思考改善寫作問題。

多發想，多找尋背後的關聯，就能不斷刺激思考力，進而創造想像力。寫作，不是越寫越聰明，而是越想才越聰明。

下一堂課，就要進入主題力第二階段的聚焦思考，幫助產出你的寫作主題。

回顧與練習

這堂課練習兩種發想主題的能力：水平思考與脈絡思考。

練習1

發想主題：先大量發想任何與你有興趣、想知道的主題有關的想法，大量寫下關鍵字。接著再找尋彼此的脈絡連結，刪掉無關的點子，再去串聯、發展可能性。

練習 ②

寫出有個人觀點的文章：以熱門議題手搖茶飲連鎖店是否「親中」，練習寫一篇有個人觀點的文章，在網路上發表，並讓他人轉分享。先試著寫下關鍵字：

・整理目前相關討論議題的主要想法、元素，你自己有什麼看法、或是激發你什麼看法，可以寫出十個以上的關鍵字。

・列出正反意見、蒐集有趣的觀點意見：寫下哪些是吸引你、有趣、認同，讓你產生不同想法的關鍵字。

・也可以故意唱反調，從對立面來思考，寫出一些關鍵字。

・接著嘗試將這些關鍵字用５Ｗ１Ｈ脈絡化，找出彼此的關聯性，可以列出正反意見的脈絡，還有其他不同觀點的脈絡。練習多角度解讀，這些代表什麼意義？

第 4 課

主題力（二）

如何
聚焦主題

寫作力就是聚焦力

寫作最常遇到兩種問題：第一種是又臭又長，儘管寫下千言萬語，還是不知道你的主題是什麼，要表達什麼？導致沒有清晰的針線去編織想法。第二種則是又短又乾，用盡力氣還是擠不出內容，因為沒有想法，拿著一堆針線，卻不知從何開始。

這兩個問題的共同問題，就是主題不清楚。

上一堂主題力（一）幫助大家練習產生想法，接著從想法之間找出脈絡關聯，畫出大致輪廓。但這樣還不夠清晰，沒有明確的主題圖像，手上的針線還是無法運作。

這一堂主題力（二），則是幫助寫作者調整主題焦距。第一步嘗試從模糊逐漸聚焦，主題也會越來越清晰，第二步要思考這個主題能否引起讀者興趣，寫作才不會白費工。

思考力像漏斗，要經過三階段程序才能成形。首先是**水平思考**的大量發散式發想；接著是中段的**脈絡思考**，逐步將發散的想法梳理統整，找出關聯與脈絡；最後是收斂聚焦，開始**垂直思考**，往下更深刻、更仔細地想，思考點子之間的因果關係，也就是邏輯推理的過程，才能有條有理表達你的主題。

寫作力除了是思考力，也是聚焦力。從主題開始就要聚焦。就像打聚光燈一樣，讓你的讀者一看就有興趣、一讀就掌握重點，一路讀下去，最後還能有所啟發、感動，更會深刻難忘。「主題給予觀眾充實的時間感（如果閱讀沒有意義，那何必閱讀？），也讓報導與寫作更有焦點。」《敘事弧》寫道。

脈絡思考讓主題有大致的輪廓。先見林、有整體觀，再來就進入聚焦的垂直思考，先找出最重要的樹木主幹，有了具體主題，再去關注樹幹上的枝葉模樣。

「好的主題陳述是簡潔扼要的，沒有細節，但精確地勾畫出故事的主軸。如果說最後的報導有如一幅油畫，主題陳述則像是最初的素描，以幾筆關鍵的線條來勾勒輪廓。」這是《報導的技藝》對主題精采的比喻。

從水平思考到聚焦思考

寫作課班上有位學員找我討論寫作主題。她是葡萄酒商的客服人員，碰到的問題是大家不了解葡萄酒，她希望用簡單有趣的文章推廣葡萄酒。但目前已經有太多的葡萄酒文章，她不知如何從廣大範圍中

水平思考　大量發想

脈絡思考　先見林，有整體觀

聚焦思考　找出最重要的樹木主幹

表4-1，主題思考三階段：從水平思考、脈絡思考到聚焦思考

找出適合的主題。

我運用本書第三課主題力（一）幫助她找出主題。先發想點子，葡萄酒這麼多，你最想介紹什麼主題？要從風土（例如國家、產地）、口感、普遍性、稀有性、價格，還是歷史，或是從酒莊特色著手？

水平式的廣泛發想之後，我換個角度提問，希望找出更好的切入點。我問她怎麼會到葡萄酒公司從事客服？學員原本是負責醫院評鑑的基金會行政人員，希望能從事更有溫度、接觸更多人的工作，便換到需要跟大量顧客溝通的葡萄酒領域。

這是與她過往完全不同領域的產業，我更加好奇她如何學習品味葡萄酒的專業知識，與顧客溝通。接著我們就進入脈絡思考的討論，詢問她學習過程中最喜歡的幾款酒，學到什麼不一樣的想法、甚至是領悟到什麼價值，便能找出主題的相關脈絡。

「品酒與職場學習的關聯？」這個想法觸動了她的心，如此便找到了可以聚焦發揮的主題，原本茫然的眼神，出現欣喜的表情，說要回去把主題想得更清楚。

最後，我建議再聚焦到三款酒，不僅具體讓人有印象，透過深入說明特色、滋味與口感，以及她學習品酒過程的小故事，就會非常動人。

這一路從水平思考、脈絡思考到聚焦思考的過程，目的都在緊緊扣住讀者的眼球、心思與感受，如果從主題開始就無法聚焦思考，後面更容易一路發散，讀者的心一下子就溜走了。

該如何聚焦深化思考，找到清晰的主題？這就需要結構化的工具，來幫助聚焦主題。

表4-2，四種聚焦主題的思考法

四種聚焦主題的思考法

我將主題的聚焦思考分成四個象限。

一個是關於談論自己，其次是談論外界人事物，切入點又分成外在發生的大事件，以及日常生活與工作的內容。

這四個象限能幫助寫作者聚焦到關切的主題，或是被他人（主管、老師）指定的主題，找出好發揮的範圍。

首先要思考，主題是跟自己有關、還是要談外界的人事物。比方說要寫一位職人，那就不是你自己，而是他人；如果是手搖茶飲業的消費趨勢，也是外界人事物。這兩個例子都屬於第一與第二象限。

如果是寫「三款讓我重新享受生活的紅酒」，則是屬於個人範圍，屬於第三與第四象限：但是換個角度，輕鬆學品酒的三款入門酒，則屬於第一與第二象限。

定出範圍之後，再進一步思考切入點。是要講日常的生活工作？還是具有影響力的外在事件？比方寫職人的專業，可以介紹第二象限的日常工作內容，當然可以訪談他影響工作的重大事件，這就屬於第一象限的外在大事件，例如新工作、新的轉換、離職或轉職的影響。

好比前文提到，轉職進入葡萄酒產業從事客服的學員，就是一個重要轉變的大事件。

但如果學員是寫日常下班的品酒生活，則屬於日常生活。

假設是手搖飲消費趨勢，則聚焦在第二象限，了解他人日常生活的內容，每個人的日常消費串起的趨勢。這當然也可以回到第一象限，關注新聞事件的影響，例如手搖飲跟香港「送中」事件、中國與台灣的爭議。

還有另一個聚焦主題的角度。如果我們不想寫太個人的事情，可以從第一象限去思考，像某個名人的出生死亡與重要影響、重大議題，或是流行文化、重要新聞事件，去發想寫作主題。例如環保議題、政治、兩岸、運動賽事，藉由引發大家關注的外在大事件，去陳述你的想法與觀點；由於是大家關心的題材，發文容易受人矚目。

總之，要讓主題進一步聚焦，都離不開外在的話題、重要議題，或是個人要面對的問題。話題、議題與問題，都是最容易讓讀者關心的主題，寫作者才能具體發揮。

引發共鳴、新奇有趣的四種主題定位

四種主題的聚焦思考，是幫助作者的思考練習，一路從水平思考、脈絡思考到聚焦思考，讓主題範圍越來越清楚，寫作內容也不會發散失焦。

接下來要換位思考，跳脫作者的角度，從讀者角度來構思。到底讀者對我的主題有沒有興趣？如何吸引讀者關心我的主題，進而願意花時間閱讀？站在讀者需求與感受的角度想一想，讀者到底關心什麼？

先回到大腦與人性的課題。大腦是個矛盾的器官，一方面很保守，很重視既有的經驗，不太喜歡花能量去注意不熟悉的事情，喜歡按照既定模式運作，能不費力就盡量不活動。另外，大腦又是個好奇寶寶，如果是新奇有趣、不需要花力氣去理解的內容，也會有興趣了解。

如此矛盾的大腦，正是人生的寫照。我們喜歡一成不變，才有安全感；我們又喜歡新鮮刺激，才不會無聊無趣。

你是不是也是這樣的人？喜歡看同類型的書，有時心血來潮或是遇到挑戰，才會去關注平常不會看的書或文章。或是習慣閱讀熱門暢銷書，才能不落人後，當然有時也厭煩暢銷書總是重複一樣的主題，沒有新意；但是看同類型的書，又會讓你有安全感，強化你的認同。

以前當記者的時候，發行人總會問：「讀者為什麼要看？」跟自己的大腦開題目會議

時，這個問題就得時時放在心上。從讀者角度來思考，**不是去取悅讀者，而是要引發他們的關心**，你的主題才能連結到讀者的需求與期待。讀者想看，文章才會有影響力。

讀者的喜好看似多變，但大致可分成四種主題定位。

我們以熟悉與新奇兩種取向來區別。既熟悉又普遍的主題，這個定位是心靈雞湯。主題要符合大眾熟悉、主流接受的內容，通常都是正面光明、鼓舞的例子。例如力爭上游、熱心公益或是家庭價值，這是要強化既有

表4-3，四種主題定位

認知，鼓勵我們努力保持。

第二種類型的定位跟上一個類型相反：在熟悉中找出不同認知。這個定位是翻轉、刺激新想法，從我們熟悉的主題中，翻轉跟一般認知、刻板印象不同的內容，或是傳達有趣的事情，甚至是沒想到的意外，充滿幽默感，製造新奇的樂趣。

第三、四種類型都強調新奇有趣的角度，關鍵字都是「最」。第三種類型以數量取勝，定位在最多、最大與最好的事情，強調正面、普遍、受到認同的價值，也是大家關心、好奇的事情。

第四種類型則相反，以特定少數的稀有性取勝。例如最少、唯一、第一、最難忘，甚至是負面的事情，比方最糟、最可怕、最可憐的事情，目的都是要讓讀者好奇、想知道究竟發生了什麼事。

以前文的葡萄酒主題為例，學員設定的主題是翻轉職場價值觀的三種葡萄酒。這個主題可以設定是第二種類型，談熟悉的葡萄酒，卻有不同的學習領悟、不同的職場學習。學員認為學習品品酒的過程，不只是葡萄酒知識的成長，也反思她過去對事物觀察的偏見，她就以三種葡萄酒的不同領悟，來傳達自己的改變與成長。

手搖茶飲之前透過聚焦思考，可以落在第二象限，了解每個人日常消費帶動的趨勢，也可以透過第一象限的重大新聞事件，了解消費者的需求與感受。

接著思考主題定位之前透過聚焦思考，可以設定在第三類型：銷售最多、售價最高的茶飲品，為什麼這麼受歡迎？或是反送中事件之後，手搖茶飲品牌是否會發生變化？

72

如果設定為第四類型的主題，哪些小手搖茶飲品品牌有很受歡迎的獨特飲品（唯一），或是比較手搖茶品牌各自銷售第一的飲品，有什麼特色？歷年來有什麼成長與變化？消費者的感受、喜好是什麼？

有了不同定位，了解現有狀況，就可推估下一季手搖茶飲可能的變化。在準備這個主題時，你也能不斷發想、聚焦，找到獨特的切入點。

以上在葡萄酒與手搖茶飲這兩個例子中，嘗試思考這四個主題定位，其實變化性很大，必須根據你設定的讀者需求，思考你想做的主題、傳達的想法與態度，來決定要放在哪個象限。

先思考自己的想法，再考量讀者的需求，接著持續自問自答，聚焦到最好的定位。當你的寫作主題有清楚的定位，就有了明確的座標，內容自然能扣緊主題、呈現你想表達的重點。

接下來的兩堂課，就要練習如何找到內容重點，以及呈現文章的重點，讓讀者能夠輕鬆擷取你的重點。

回顧與練習

這堂課練習兩階段的聚焦，讓主題越來越明確。先聚焦四種主題思考，有了大方向，再聚焦四種主題定位，設定好文章的座標。

練習1

主題思考聚焦：用主題思考聚焦上一堂課的手搖茶親中議題，思考要將文章主題放在哪個象限？四個象限都可以想看看（可從手搖茶飲、台灣與中國的關係、台商的商機與宿命、兩岸工作者等角度切入。）

練習2

確認主題定位：選出你最想傳達的方向，要談正面力量？還是另類特別的顛覆角度？或是跟著第一象限來批判親中業者？還是想談你喜歡、只在台灣經營的手搖茶品牌特色？

74

第 5 課

重點力（一）

如何
讓複雜變簡單

二〇一四年基隆市長林右昌剛上任時，為了快速仔細了解市政，要求上任後三個月內，要親自批示所有公文。兩位幕僚每天得先看完全部公文，再根據執掌分案，將內容做摘要、劃重點；有爭議、內容不清楚的公文，再請承辦人來說明，最後市長才能親自批示。

為什麼市長幕僚跟市長這麼累？因為公文寫得不清楚，便很難在短時間知道重點。

公文若寫得層次分明，市長幕僚就能協助市長迅速掌握市政與執行狀況。

我的寫作課班上也有不少公務人員，他們學習寫作是為了寫好簽呈或新聞稿，讓長官看懂，否則經常被認為邏輯不清、沒有重點而遭退件。

不只市長是大忙人，一般讀者的**注意力與耐心也有限**。因此，除了公務人員，各專業領域工作者一旦需要溝通表達，也必須先學會掌握重點，溝通對象才能夠迅速理解內容。

為什麼會越寫越複雜？

人都不喜歡事情太複雜，但是為什麼寫文章就容易越寫越複雜呢？有三個原因。

第一是本書第二課提到的**知識的詛咒**。過度專業帶來的自我詛咒，就是誤認每個人都應該跟我一樣專業、具備一樣的思考角度，甚至有點自我感覺良好，忽略如何跟非專業領域的人溝通。

第二是**分工太複雜**。層層分工、不斷外包的過程，每個人只掌握自己的那一部分，缺乏整體觀，導致不斷埋頭苦幹，卻不知道自己的專業、書寫的內容跟整體有什麼關聯？

第三個原因是**缺乏具體目標**。人把事情越做越複雜、越做越難，往往是因為缺乏清楚的目標，導致自己的作為、想法與目標脫節。有了目標，就會不斷檢視既有的狀況、資訊與行動，是否能達到標準。我們很容易陷入為忙而忙，卻不知為何而忙的茫然狀態。詩人紀伯倫說：「我們走太遠了，以至於忘記為何出發。」一語道破人們瞎忙的大問題。

重點力，就是要回到原點，重新找出重點。不論是寫作、思考或溝通，培養化繁為簡的重點力，才能征服複雜，促進精準溝通，有效解決問題。因此，當我們掌握主題力後，開始進入實際寫作階段，首要學好的技能，就是重點力。

向迪士尼樂園學寫作攻略

培養重點力，最大的敵人卻是作者自己。作者跟讀者立場不同，對作者來說，他的文章、書信或公文，都提供完整豐富的訊息，明明都寫了，你怎麼會看不出來？對讀者而言，再詳細的說明、解釋與數據，如果沒有出現提綱挈領的重點，讀者很難從密密麻麻的文句中讀出意義。

我們得先用同理心來感受讀者的立場。對讀者來說，以文字堆砌的文章或書信，有如站在幽深密林之前，深怕踏進去之後，會在叢林中迷路、無法脫身，更浪費時間。因此，作者有責任將密林開闢成能夠自由行走、觀賞風景的公園，一路都有指標，才不會讓人迷路。

重點力就是開闢道路、建立路標的能力。該如何建立重點力？可以向迪士尼樂園學習寫作攻略。

如果你今天來到迪士尼樂園，走進園區的第一步，你會去哪裡？通常是先研究地圖，瞭解園區各個主題館特色與分布位置。以東京迪士尼樂園為例，有七個遊樂主題區。了解整體狀況後，才能安排遊玩攻略：在有限時間內，要去哪些地方玩，如何分配時間？行走移動時隨時查看地圖，就不會迷路。

如何萃取重點？

迪士尼樂園的七個主題館，就是七個重點力。這七個主題館一定各有不同的訴求點，但加起來就能完整呈現迪士尼樂園的特色。換句話說，想知道迪士尼樂園的整體特色，就要感受七個不同特色的主題館，才能了解迪士尼的品牌精神。

重點力怎麼產生？來自「同中求異」與「異中求同」兩種方式。

從水平思考到脈絡思考

迪士尼樂園的品牌訴求是世界上最快樂的地方，在這個原則下，如何呈現快樂？這是一個從上而下、同中求異的探索過程，需要擴大範圍，仔細思考與搜尋各種內容特色，不斷調整嘗試之後，透過七個主題館來傳達品牌精神。

另一種重點力是由下而上的異中求同，這是許多人最常經歷的過程，從龐雜資訊抽絲剝繭中，經過有效分類，將同屬性的資訊歸納在一起，提煉共同的重點，才能讓人一目瞭然。

不論是同中求異或異中求同，都是從水平思考到脈絡思考的過程，找出元素之間的關係，才能建立重點力。

我在開設的寫作課第一次上課時，會請小組成員根據工作、興趣及寫作需求三個面向，討論各自的共同點。有一組發現大家的興趣很廣泛，像是看書、爬山、衝浪與品酒，一時之間找不出共同點，只想到都是有求知欲且喜歡接受新知的人。

聽完報告，我發現爬山與衝浪比較像自我挑戰，跟求知欲無關。我帶大家重新推敲這五個興趣跟自我成長或重視生活品質有關，提出另一個角度：你們是一群重視生活品質的人，瞬間引起大家的共鳴。先異中求同，找出重點，接著再同中求異，說明細節差異。

聚焦整合關鍵字

練習重點力，也是將關鍵字重新消化整理，以換句話說的方式，提出你詮釋後的重點。例如學員每講一個重點或想法，我就會複誦一次，消化整理之後，換個說法再說一遍，傳達更簡潔精準的重點。

然而簡單並不簡單。重點力的精神，就是先說大方向的重點，再講細節，這個過程需要反覆思考、推敲與整理，要求自己聚焦整合，才能萃取出精準的重點，讀者被提示重

點、路標，了解大致脈絡，更期待進一步說明。

就像蠶寶寶吃桑葉會吐出蠶絲一樣，我們解讀訊息，就像吃桑葉一樣，最後要吐出消化後的重點，而不是吃桑葉，最後還是吐出桑葉。

魔術數字3的力量

蠶絲就是重點。但問題來了，需要多少重點，才算有重點？

美國國會助理要幫議員準備報告資料，他們會事先提供「掌心卡」。這種重點提示卡正面寫著綜合性的訊息，背面則有三個論述重點，可以讓議員放在胸前口袋，幫助他們在開會與質詢時傳達有說服力的重點。

重點力的精神，就是讓文章變成讀者的掌心卡。但是掌心卡為什麼只放三個重點？

三這個數字經常被用在各種比喻、形容與說明。美國憲法的精神是民有、民治、民享，法國大革命的主張是自由、平等、博愛。許多行銷口號或重要觀念，也都是三。例如日本劍道哲學守破離，電影《一代宗師》名言「見自己，見天地，見眾生」，比賽名次也只排前三名。

三是個神奇的數字，在會議上提出三個重點，大家就會聚精會神聆聽，文章中提到三個重點，也會提醒讀者，重點出現了，好像在大海中看到燈塔。

80

限定範圍易聚焦

為什麼這麼神奇？有三個重點。首先範圍夠小，讓我們必須聚焦，想辦法將複雜變簡單，得從眾多事物、資訊中要歸納出三個重點、三個特色，就需要選擇，選擇涉及思考，讓我們不能只用直覺反應，需要仔細想想才能回答。

豐富視野有深度

其次，三也夠大、夠豐富，能擴廣我們的視野。因為要選三，就要放寬眼界，仔細尋找與挖掘，再小的事物也有細節深度，讓簡單變有深度。

轉換角度助創新

第三，三讓我們轉換角度。只講一個重點或想法，會太絕對、太強烈，沒得選擇。只有兩個重點又好像二元對立，非黑即白，不得已只能二選一。除了一與二之外，「還有」三，就會讓我們跳脫既有狀態，認真找尋第三條路，產生創新思維。

其實三就是要產生一個轉折點，帶來不一樣的感受。比方星巴克咖啡形容自己是家裡與工作場所之外、可以放鬆歇息的「第三空間」。

因此，重點力結合魔術數字三，文章只要強調三個重點，讀者就不會有壓力，好記又容易接受。對作者來說也比較篤定，練習重點力，就先從三開始練起，文章才會精準有力。

寫好，不用寫滿

只有三還不夠。過去寫作習慣是寫好，更要寫滿，好像字越多，每段內容越厚重，就代表內容越豐富。這只是作者一廂情願的想法，讀者只想瞭解作者想要表達什麼，有什麼重點，跟我有何關聯？對我有幫助嗎？

因此，寫好跟寫滿無關，而是有沒有寫出讀者在乎的重點。除了掌握三個重點，重點力還有一個最大特點，就是簡短有力。否則每個重點都又臭又長，讀者還是不了解重點。

重點力三S原則

如何讓重點簡短有力，幫助讀者能夠好讀、好記、容易理解你的文章？重點力三S原則，是**簡單**（simple）、**簡短**（short）與**具體**（specific）。簡單就是文字要好讀，簡短幫助讀者好記，具體是文字不抽象虛幻，讓讀者能連結到自己的經驗，幫助他們理解。

運用三S原則，會讓重點力具有標題的亮點吸引力，能夠站在字裡行間，讓人眼睛一亮，不會軟軟的倒在文字叢林中，一點也不起眼。

✎ 簡單不簡陋

如何運用三S原則，讓你的文章有力量呢？重點力首重簡單，然而簡單並非簡陋，簡單在於掌握事物核心本質。核心本質有點抽象，意思就是最重要陋是內容貧乏不充實，簡

的中心價值，當一切元素都可以抽掉，剩下唯一不能刪除的元素，就是核心本質。

你可以問自己，這篇文章最重要的目標是什麼？例如是讓自己開心、對外展示自己的

才華、想讓很多人轉發……哪一個目標才是你最想達成的，那個就是核心。

✐ 簡短就易懂

掌握了簡單的核心原則，再來是如何傳達？文字要簡短有力，讓讀者一眼就看懂，不

會迷失在冗長字句中，無法了解意思。例如和平、土地、麵包、自由、平等、博愛，短而

有力地穿透我們的腦海，印拓在我們心中。

簡短也是練習換句話說，刪掉贅字冗言，要求自己用**一句話**寫出重點。許多口號、

廣告文案，甚至電影名稱，都是簡短有力，易讀易記。像奈吉「just do it」、蘋果「think

different」，或是四字組成的成語，還有歌詞越短，越有節奏，越有力量。

但是要提醒大家，盡量不要用成語當重點。成語簡潔好用，人人都朗朗上口，但身為

作者，用成語是不深入思考、走偷懶的捷徑，反而失去文章的獨特性。要嘗試換句話說，

用自己的想法重新包裝與傳達重點。

我經常問學員：「你的意思是……？」就是請他練習用自己的話把意思講清楚，從中

整理出最重要的核心元素（簡單），再修剪成好記的句子（簡短）。

失敗為成功之母，這句話講了等於沒講，要如何讓它簡單又簡短呢？強迫自己仔細想

想，不要回到套用成語的慣性思考。你可以這麼寫：成功來自失敗中的學習；有學到教訓

的失敗，才是真正的失敗；成功來自嘗試錯誤的累積。

✏ 放上動詞就變具體

大腦不容易理解抽象的詞彙，無法做更多聯想與感受，就很難讓人連結到自己的具體經驗。抽象的詞彙如勇敢、堅忍、創新、永續，看起來很正面且普遍，但每個人對這些詞的解讀與認知一定不同，如果沒有具體的文字去勾連，讀者很難有印象。

「多了解顧客，才能拓展商機」，這句話大家都知道、也不特別吸引人，這樣你想說的重點就沒有重量了。該如何換句話說，轉換成更具體、令人印象深刻的表達呢？

寫作課學員就轉換成「多了解顧客，就能夠在彎道超車，打敗對手」，全班同學就「哇」一聲被打中，當下很有感覺，也有具體畫面，更想繼續讀下去。

仔細檢視「彎道超車」、「just do it」、「think different」、「享受有品質的生活」、「成功來自嘗試錯誤的累積」，有一個共同特色，就是有「動詞」。有動作就有力量，就會讓讀者產生畫面連結感與具體的感受。

掌握簡單、簡短與具體的三S原則，你的三個重點、文章的掌心卡，就會特別鮮明有力量。

84

回顧與練習

這堂課談三個重點力，以及三S原則。

練習1

運用三S原則： 經過主題力兩堂課，想想你要寫的主題是什麼？有哪三個重點？再運用三S原則，將這三個重點簡單、簡短與具體地寫出來。

練習2

快速整理三重點： 在最近閱讀的書或文章中快速整理出三個重點，用自己的話消化後、運用三S原則說說看。

第 6 課

重
點
力
（二）

魚骨寫作法，
讓文章有重點
更有亮點

剛當記者時，我換了幾個媒體工作，影響我最深的是專挖股市與企業祕辛的《財訊》。我學會了分析企業財務報表，了解企業的財務操作手法，也曾經踢爆（運用現在流行的媒體術語）一家上市公司炒作股票、製造獲利表象的問題。

我希望在採訪與寫作上更上一層樓，因此決定轉換到《天下》，原以為能夠發揮調查採訪與寫作能力，卻遇到很大挑戰。雖然有職前訓練，要寫多閱讀心得，但是我負責的路線是比較艱深的金融領域，交出的文章經常受到質疑，內容太生硬，或是出現太多術語。漸漸地，我的稿子經常被大幅修改、刪減，能夠正式刊出的次數有限，在這家雜誌社的角色似乎越來越邊緣。

這個情況持續好幾年。儘管我也會寫其他財經報導，有時寫得還不錯，但還是會被批評文章太乾了，不生動有趣。我很想突破，每次都會仔細研究文章被修改的差異癥結，但進步幅度一直很有限。主管會給我不少寫作建議，例如多讀詩，勤練文筆，或是多觀察資深同事的好文章，我還是找不到好方法。

是什麼讓我從一個卡關的記者，變成一位教寫作的專業教練？

段落思考 vs 句子思考

關鍵的轉折點是，我發現了寫作的祕密。如果請你回答，寫作的基本單位是什麼？是字、詞、句子，還是段落？我在課堂提出這個問題時，學員們都認為這有什麼好問的？幾

乎都回答句子。

我接著問，如果要明確表達想法，一個句子能夠說清楚嗎？

大家搖搖頭，如果要透過文章闡述想法，要多少句子？寫完之後，這些句子彼此串連後，是什麼狀態？

大家恍然大悟。原來要把想法寫清楚，不是靠句子，而是句子連結而成的段落。

句子思考與段落思考的差異是什麼？句子思考容易陷入寫出優美漂亮的句子，只會雕琢文字技巧，但是缺少對文章整體結構的完整思考。段落思考則是構思整個段落要表達什麼，哪些句子可以呈現整段的中心思想，句子之間能否相互呼應，有條有理有邏輯，讓讀者理解、且被說服。

換句話說，句子思考只注意句子本身，段落思考則重視句子的結構，結構又涉及句子之間的關係與連結。

知名小說家史蒂芬・金就在《寫作》這本書強調，「在談基本形式及風格之前，我們應先想想段落，組織形式常緊隨在句子結構之後。」他也在書中說明，「最重要的部分就是段落，因為段落就代表書想表達的內容，段落等於書的地圖。」

有了段落思考，你就會考量段落之間的關係與連結。就像上

句子思考	段落思考
重視文句優美	重視整段的表達與句子的結構
只注意句子本身，缺少對文章整體結構的完整思考	注意句子之間的關係與連結，是否相互呼應，有條有理有邏輯

表6-1，句子思考VS. 段落思考

一堂重點力（一）談的地圖路標，才能讓讀者好讀好理解。

章的路標，每個段落也就是重點力的呈現，一個個段落就是整篇文章的路標，才能讓讀者好讀好理解。

因此，每個段落內容不只傳達重點力，也要讓讀者不迷路。知名的認知科學與心理語言學家史迪芬・平克（Steven Pinker），在他的寫作指南名著《寫作風格的意識》就強調，段落是一個視覺上的書籤，讓讀者停頓下來，喘一口氣。

段落還有不同層次，段落之間連成區塊，區塊再組合而成完整文章。比方重點力（一）提到的三個重點，每個重點都是由幾個子重點、也就是幾個段落組成，三個重點就是三個重點區塊，每個區塊分別由不同段落、不同重點串連而成，這幾個區塊最後再串成文章。

段落有層次，就能幫助思考產生深度層次。首先，作者不會一口氣就得寫完一大段，可以分拆成好幾段來闡述，每段各有重點，就能讓思考有不同節奏。第二，讀者在閱讀上也較不費力，每段就像一棵樹，注意力比較好聚焦，就不用費力閱讀有如濃密森林的肥厚段落。

但是台灣傳統國語文教學中，幾乎都偏重句子思考，沒有討論段落思考。意即先練習造句，不常以每一段來討論，也較少強調段落在整篇文章代表的意義，容易偏向修辭美化的技巧，比較缺乏結構思考，如此，不管是閱讀或寫作上，都不易深入理解文章的整體脈絡與重點。

當我在寫作課討論段落思考與句子思考時，許多學員往往都以為，段落要又滿又密，

才是內容豐富的好文章，結果就造成文章又悶又長，為寫滿而寫，連作者自己也迷失在文章之中，走不出來了。

段落該如何結束？就是你的這段意思已經講完，就要告個段落。「缺乏經驗的作者傾向靠攏學者而非記者，分段太少而不是太多。對讀者展現一點體恤總是好的，讓他們困倦的眼睛不時歇息一下。」《寫作風格的意識》指出：「要是一個句子不是在解釋上一句或接續它的意思，就在這裡劃下分段的界線吧。」

寬鬆有致的好段落，讓作者聚焦，也讓讀者好讀。到底段落應該要多少行才算適中呢？其實沒有標準答案，有時候一句話就是一段，有時三到五行，有時七、八行，要根據文章內容而定。

魚骨寫作的祕密

我後來開始大量閱讀優秀記者的文章，從雜誌到書籍，逐段拆解他們的寫作方式，邊拆解邊思考這是怎麼寫的，經過大約三個月的自我訓練，從中發現了寫作力的祕密。

其實也是公開的祕密。因為《天下雜誌》的寫作風格承襲自國外媒體的寫作風格，例如《華爾街日報》、《時代雜誌》與《財星》，他們運用的寫作方式，幾乎都來自一九一八年出版、由康乃爾大學英語系教授威廉·史壯克（William Strunk Jr.）寫的《英文寫作聖經》（The Elements of Style），這本書就連驚悚小說大師史蒂芬·金都奉為權威

典範。

這個祕密很簡單。史壯克提出十大英文寫作守則第一條，開宗明義就說，每個段落視為一個單位，每段以一個主題句（topic sentence）開頭，且務必句句相扣，目的是要讓讀者在每段的開頭就掌握該段主旨。

史壯克講的是主題句，《天下雜誌》與內部使用的編採教科書、華爾街日報主筆出版的《報導的技藝》（以前用的是英文版），叫做摘要句或概括句（summary sentence），目的就是每段要先講主題重點，再說明細節。

雖然主管都有教如何運用，但我當時不明白道理緣由，也只能硬套，並不了解段落思考的意義與重要性。

如果去注意其他雜誌記者的書寫，大部分也掌握不好主題句的運用。一般報紙、甚至網路媒體，文章段落也幾乎都是又厚又長，沒有重點，不易閱讀。

為了幫助大家更好理解主題句、摘要句，我改成成 **魚骨寫作法** 來具體說明。魚一定是先長出骨骼，再沿著骨頭脈絡長出血肉，這跟寫作的道理一樣，魚頭就是主題句、摘要句，魚肉就是沿著魚骨長出的內容，這是支持主題的內容細節，接著魚尾就是這段的結論，與魚頭首尾相連。

魚頭之後緊連著魚骨，就是這段的主題重點，魚頭句就像森林的路標指示，或是收納盒上面的標籤。這個好處就是讓讀者一眼就知道重點，大略知道段落要講的內容，如果時間有限，只看每段的魚頭句，就能了解文章整體意思。

能充分運用魚頭句，文章就能聚焦有重點。因此，厲害的魚頭句，要具有重點力三S原則，包括簡單、簡短與具體，才能幫助讀者好讀、好記與好理解。

魚骨寫作技巧不只重視開場的魚頭句，也強調段落的結論魚尾句。史壯克在《英文寫作聖經》強調，他的主題句原則是幫助讀者閱讀，並持續掌握該段落的目的，因此段落結構分成三階段，主題句在首句或前幾句出現，第二是說明主題句的解釋與敘述；第三是末句強調主題句的想法，或陳述一些重要結論。

運用魚骨三階段寫作，才能寫出完整段落：用魚頭句開場，再以魚肉情節闡述魚骨主題，魚尾要有結論，才能開啟下個段落。下個段落開場，就要扣緊

表6-2，魚骨三階段寫作法

上一段的魚尾句，段落之間才有邏輯關聯。

回答本篇開頭賣的關子。既然媒體主管都有教這個寫作概念，我後來怎麼學會運用的呢？我除了拆解優秀的資深記者作品，了解他們怎麼運用魚頭句，還會去注意寫不好的同業文章，整理出他們的問題，都是文章重點不明、結構不清，以及段落太厚。

這些問題的共同核心就是思考不精準。我開始練習改寫這些劣質文章，開頭應該怎麼寫會更好？每段拉出魚骨主題，重新改寫魚頭句，精簡魚肉內容，改寫魚尾結論。

這個大量有意識的刻意練習，等於幫這些文章重新做醫美整型，我也持續應用在自己的報導內容，持續精進寫作能力，能夠駕馭一萬字的長文章，也能提點、修改部屬的文章。即使我現在已出了八本書，還是持續努力練習，讓魚頭句越來越簡潔有力。

這個逆向練習過程，是最好的精進實作。我的經驗也呼應《寫作風格的意識》所說：

「作者的寫作技巧，來自發掘好文章的例子，品味它並做出逆向工程。」

這段刻骨銘心的經驗，讓我掌握寫作這個簡單卻不簡單的祕密。我深刻了解到，魚骨寫作就是最基礎的工夫，能夠靈活運用，寫作功力就能大幅躍進。因此，我在寫作課第一堂就直接教重點力的魚頭句寫作，課後作業只要求學員大量練習運用魚頭句，我也會在課堂與作業點評修正。

不要慢慢來，每段主角立刻閃亮登場

我從學員的魚骨寫作練習發現，大家並不習慣這種逆向思考的寫作方法。最常見的問題有兩個：第一個問題，魚頭句還是藏在段落中。要讓大家想清楚魚頭句，很花時間。有一位學員先用傳統寫作法，十五分鐘就寫完了；接著他改用魚骨寫作法，要寫好魚頭句，說明魚肉內容與魚尾結論，就花了三個小時。學員說，要想清楚再寫，是一大挑戰，因為沒有勇氣第一句就破題，總喜歡鋪陳迂迴。

第二個問題是，魚頭句用得很生硬。每段開頭寫出一句簡短的話，但是跟後續魚骨主題扣連不起來，或是句子寫得很長，已經失去魚頭句簡短有力的意義。

以下的例子，是學員上完第一堂課重點力的讀後心得，要練習運用魚頭句。

94

魚骨寫作個案篇

學員版

創新與感受力總在時間流逝中忘記了。靈感總在刺激中產生、在時間漏斗中消失，痛苦和快樂的感覺會忘記，但寫下記憶的文字可以被留下。

我妹妹常跟我說小時候的事，我卻總是忘光，只有她說，我才想起。不像妹妹一樣有數十年記憶力的大腦容量，所以我很嚮往能透過書寫，把美好的記憶記錄下來。

讓記錄的文字變成有意義的影響力。我很羨慕在社群媒體上自在發表文章的人，無論是學習、旅遊、事件觀點、職場、彩妝、3C、料理心得⋯⋯等，因為主動分享，所以能夠透過搜尋與瀏覽，得到新知、啟發或解答。

懷抱著延長記憶力和貢獻所學的決心，來報名了寫作課。

以下是我修改魚頭句、修潤句子後，更為緊湊的2.0版本。

創新與感受力總在時間流逝中消失，寫下記憶的文字可以被留下。

但我記性不好。妹妹常跟我說小時候的事，我卻總是忘光，所以很嚮往能透過書寫，把美好的記憶記錄下來。

文字不只用來記憶，還可以變成有意義的影響力。我很羨慕在社群媒體上自在發表文章的人，無論是學習、旅遊、事件觀點、職場、彩妝、3C、料理心得……等，因為主動分享，所以能夠透過搜尋與瀏覽，得到新知、啟發或解答。

懷抱著延長記憶力和貢獻所學、對社會產生正面影響力的決心，我報名了寫作課。

> 這個修改讓魚頭句更清楚，也連結到上一段結尾，要記錄美好的記憶，兩段才有關聯

> 補充對社會正面影響力這句話，讓貢獻所學的意思更清楚

> 這句就把記性不佳的問題囊括了，不用再多說

> 很多內容重複，刪除才夠緊湊、有重點

❶ 喜歡把重點、主題藏在段落中，似乎怕被人一眼看穿。

❷ 想法不聚焦，邊寫邊想、邊想邊寫；寫完後，沒有仔細消化想法，到底要呈現什麼主題？沒想法，就端不出魚頭句。

❸ 段落間沒有關聯，上段的魚尾句沒有跟下段的魚頭句有關聯，讀起來會有不知所云的感覺。

練習魚骨寫作的方法

要練習好魚骨寫作，第一件事就是**勇於呈現自己的想法**。你的想法與重點就是主角、大明星，立刻要閃亮登場，接受台上群眾歡呼的人，總不能將配角先推上台，主角再上去，那就遜色了，也無法讓觀眾了解你的魅力與特色。

如果你連自己的主角都不清楚，讀者就更不清楚，因此要磨練好聚焦思考的能力，才能充分運用魚骨寫作法。

練習好魚骨寫作的第二個方法，就是**多看紀錄片**。大家可以留意國內外知名紀錄片，或是國家地理頻道、《Discovery》，這些作品的特點是會用一句話串場，講出一個重點，後面剪接出支持這段話的畫面，例如野生動物追逐、或是一些數字，一個人的引述。

文字要簡潔有力，才能帶領讀者感受與瞭解接下來要呈現的畫面，我自己也經常看紀錄片（切記不是看台詞）每個主題的魚頭句，並猜測後面可能出現的畫面。

大家不要誤會魚骨寫作只能用在理性論述的文章，其實小說、或是說真實故事，還是經常應用到魚骨寫作，它能幫助行文流暢，讓文字更俐落簡潔。

日本推理小說大師東野圭吾的小說、甚至是武俠大師金庸的作品，他們的段落都很簡單，並善用句號，每段先有一個魚頭句開場，可能是說明一個狀態、情境或心理感受，緊接著就是動作畫面或對話，這都屬於魚骨寫作法的範圍。

回顧與練習

請將你寫過的文章（例如簽呈、公文，或各種寫作主題）重新拆解、整理每段文字，並運用魚骨寫作來改寫。

練習 1
逆向拆解：練習用三S原則，改寫舊文章的魚頭句；練習重點：用一、兩句話來寫出魚頭句。

練習 2
撰寫應用心得：比較修改前後的差異，再運用魚骨寫作寫出應用心得。

第 7 課

結構力（二）

邏輯金三角的
思考內功

我當記者時，隔壁來了一位新進記者，我發現他每天一直在電腦前寫稿，有時發呆、抱頭苦思。原來他的文章屢被退稿，反覆修改，主管還是不滿意，結果越改越亂。

他告訴我，他努力採訪了許多人，將每個人講的話整理出來，也一直調整文字技巧，為什麼主管還是不滿意？我看完他的稿子，發現不是技巧的問題，反而是很多地方交代不清楚，導致文章流於表面，內容不深夠入。我鼓勵他趕快補充更多角度的採訪，並且要多追問想法的來源，把邏輯弄清楚，文章才能讓讀者理解，也才能說服他的第一位讀者——主管。

不只是記者，包括我，還有許多職場工作者，在寫作、簡報、寫信或企劃書上，也曾遇到這種邏輯混亂與文章結構不清的問題。

追究這個問題的外部因素，首先是教育方式的影響。當我們在學校只是被動接受知識的輸入，沒有練習邏輯推理的思考，不善於深度學習，導致我們的表達只在表面打轉，無法切入核心。其次是網路訊息發達，找資料很容易，讓我們習慣將內容複製貼上，最後的成果看似豐富，實際上卻是零散破碎，缺乏鋪排整理。

寫作的目的，在於清楚表達你的想法或情感，無論是理性論述文章，還是感性的抒情散文，甚至詩歌，都需要結構的聚焦與引導，才能駕馭龐雜的想法與資料，呈現有條有理的內容，讓他人能理解，達到溝通目的。

因此，學習重點力之後，還要強化結構力。結構力分成內功的結構思考心法，以及外功的結構寫作方法，這堂課以結構思考為主，運用在段落思考的小結構，以及整體文章的

大結構，才能讓文章有清晰的力量。

書寫上的快思慢想

教寫作班的過程中，我發現一個有趣的現象。學員在寫課後作業時，總是反映很不習慣，甚至認為自己不會寫作了。因為過去憑著感覺，想到什麼就寫什麼，現在卻要先寫重點魚頭句，再寫後續內容，導致要思考很久才能下筆；即使寫了，還得反覆檢查修改，甚至得大量刪除不相關的句子與段落。

魚骨寫作練習違反學員的寫作慣性。他們產生疑惑，原本想學快速有效的寫作方法，上完課之後反而寫得更慢，甚至有人更害怕寫作。

隨著學員慢慢熟悉這套寫作模式之後，他們逐漸越寫越快，能夠快速建好結構，有效抓到重點，再開始寫內容細節。在十堂課結業時，大家紛紛說自己變聰明了，我很驚訝，大家原本不就都是聰明人嗎？

當閱讀諾貝爾經濟學獎得主、知名的心理學家卡尼曼（Daniel Kahneman）的著作《快思慢想》之後，我找到答案了。

卡尼曼認為，人有兩種思考模式，來面對每天的決策。第一種是直覺反應的快思，就是不假思索、不經思考便得出結論，或是以過去的經驗、既有印象來應對；第二種是深思熟慮的慢想，需要花時間對事物進行理性評估，相對出錯的機會較少，卻得花力氣克服自

身惰性，進行深度思考。

那些流於表面、不夠深入，或是邏輯混亂的文章，往往是只憑感覺下筆，或是趕時間寫成，甚至只為了應付主管的交代，沒有運用慢想。

慢想的寫作方式，需要仔細推敲的邏輯思考。這是一種把複雜事情組織化、條理化的方法與步驟，要找出想法、句子之間的前後順序或上下從屬的邏輯關係，也就是主題力（二）提到的垂直思考。

魚骨寫作的邏輯金三角

什麼是邏輯？根據《麥肯錫新人邏輯思考五堂課》指出，邏輯是由三個元素組成的黃金三角結構，包括「主張」、「根據」與「結論」，或是白話一點，由「認為」、「因為」與「所以」三個詞組成，運用這個推論結構，溝通表達才能讓人理解，否則容易在細節打轉，掌握不到重點，也無法提出讓人信服的證明。

邏輯思考也是一種結構思考。結構是事物背後主要元素的運作關係，結構力就是創造各要素的連結與整合，讓關係井然有序、有條理脈絡的能力。文章要有說服力，就得運用黃金三角結構，先打好邏輯地基。

以魚骨寫作為例，每個段落就是一個小結構。魚骨中間的脊梁就是主題，魚頭是「主張」的句子，接下來脊梁兩旁延伸的魚肋骨，就是邏輯結構，沿著肋骨長出的魚肉就是一

句一句彼此相扣，用來說明、解釋主題的內容「根據」，最後的魚尾就是再度主張、確認主題的「結論」。

文章邏輯順暢，代表思考清晰。對讀者來說，文章有重點，段落分明，整個推論過程都讓人信服，不容易有卡住疑惑之處，閱讀過程就像溜滑梯，一路滑下、流暢無阻礙。

我在寫作課上請學員進行小組採訪，並報告訪談重點，其中有一組提出「社會系女生的反社會性格」。我很好奇為什麼要用「反社會」的字眼，請他們仔細說明。原來，受訪的女生在台灣唸社會學，出國唸國際政治，卻不喜歡被約束，自認有反社會性格，後來愛上植物帶來的香氣與氛圍，決定放棄學位，投入花草精油的領域中。

然而，他們報告的內容，卻跟這個魚頭句「社會系女生的反社會性格」沒有邏輯關聯，**只是聽到受訪者丟出的名詞，沒有深思追問就下判斷，思考廣度不足。**要做調整與修正的話，不是要改變內容，就是得發想新

表7-1，呼應邏輯金三角的段落思考

的魚頭句。我建議了另一個魚頭句，「從學術人變植物人」，後面再說明她如何從學術領域轉換到植物香氛專業，這樣就有邏輯關係了。

確認魚頭句與內容重點，這整個過程需要慢思細想，不斷檢視，就像一階一階吃力往上爬樓梯，最後從讀者角度逆向思考，讓讀者有溜滑梯的順暢感，才能精準溝通。

跟賈伯斯學結構力

過世的蘋果執行長賈伯斯，其實是一位結構力大師。一九九七年，當時的蘋果電腦已經瀕臨瓦解邊緣，產品太混亂，有四十多種產品，包括電腦、筆電、印表機、掌上電腦，每種麥金塔電腦更有不同規格與零件，產品線過於複雜，品牌定位混亂，不只消費者搞不清楚，連內部工程師也不了解。

當時蘋果只剩九十天就要破產了。有人問當年如日中天的戴爾電腦執行長戴爾，如果他接管蘋果電腦會怎麼做？他大聲回答：「我會關門大吉，把錢還給股東。」賈伯斯就在這個風雨飄搖的時刻，重返蘋果，擔任臨時執行長，嘗試讓蘋果起死回生。

在《賈伯斯傳》有一段生動的描述。賈伯斯在一次大型產品策略會議上，已經受不了冗長無效的討論，突然大喊：「這簡直瘋了！」決定拿起一隻奇異筆，以白板為框，畫了一條橫線與直線，分成四格矩陣，直線上方各寫「一般消費者」與「專業人士」，橫線左側各寫上「桌上型電腦」與「可攜式電腦」。

104

他對著團隊說，蘋果的任務就是為這四個領域各製造一種偉大的產品。蘋果就因為這四個方格重新聚焦，逐漸邁向另一個巔峰，消費者也因此對蘋果有清楚的認知與期待。

賈伯斯示範了結構力的精髓。過去蘋果的問題是沒有結構，每個人都只埋首自己的產品內容細節，讓產品無限蔓延，不只失去整體觀，也陷入越來越複雜混亂的流沙中，走向集體毀滅。賈伯斯透過精準的定位與分類，重建結構，讓品牌能簡化聚焦，拋出一條繩索，將大家從流沙中拉出來。

結構力這條繩索，讓我們能透過慢想找到主題與定位，擁有整體格局之後，接著找出關鍵重點元素，建立穩固的結構，再填入最適合的內容，去強化主題定位。

我們可以將結構當成是一個硬體，裡面要灌入豐富的軟體。例如有了書架，書本才能分門別類放在適合的位置。結構也像建築體，蓋房子先要打好地基，接著立鋼筋、建樑柱，基礎結構都穩固了，才能灌漿灌水泥，有了室內結構，才能做後續的室內裝潢。

寫作也需要無形的結構硬體。沒有結構，文章就是一大坨沒有骨架支撐的血肉，無法站起來，有了穩定的結構，內容才能依序填入，傳達文字的力量。

我們可以運用四個方格的象限來思考結構力，或是上一堂課重點力（一）的魔術數字、找出三個重點。運用二的分類切出四象限，或是找出三重點，都能幫助你架出文章好結構。

結構力就是創意力

結構力還有一個關鍵，就是分類的創意能力。除了要找到事物的關鍵要素，我們還需要不同的觀察與創意，運用獨特的分類能力，才知道要怎麼規劃安排，有效布局。

比方過去蘋果產品就是大量的「機海戰術」，消費者想要什麼，總公司就是不斷提供新產品來滿足顧客，導致同一個產品線有十多種不同規格，從作業系統、零組件、組裝方式都不同，只有瑣碎的小分類，沒有創意的大分類。

賈伯斯則是從市場未來進行思考分類。先找出顧客定位，以及顧客的使用方式，他運用二分法，分割出四種定位，運用簡單的結構把複雜的問題結構化，將思緒集中在結構中，思考會更深入、更有效率，甚至更有創意。

因此，結構力不只是深入的邏輯思考，更是多元的創意思維。為什麼結構力就是創意力？因為兩者的核心就是**整體觀**，知道自己的定位與方向，才不會陷入細節流沙的困局。

總結來說，結構力就是一種思考步驟與方法。先釐清主題定位與方向，接著化繁為簡，找出核心關鍵要素，最後了解要素之間的脈絡關係，找出順序與關聯。簡單，非常不簡單，賈伯斯也引用達文西的說法：「簡單是複雜的極致表現。」

開始練習結構化思考

當寫作有了結構力這條繩索，作者可以俯視文章全貌，讀者也能快速掌握重點。例如每段的魚頭句，就是呈現這段的整體樣貌，每個區塊重點也是展現這個區塊的方向，整篇文章的觀點，也幫助讀者夠快速掌握文章重心，不會一直猜疑作者到底要寫什麼。

我曾帶領一場台大農業總裁班的「精準表達力」課程，學員在現場分成小組討論他們遇到的溝通問題。最後，現場列出的問題包括：講話沒重點、無法拿捏情緒、希望講接地氣的人話、如何簡化複雜資訊、如何讓員工透過溝通徹底執行任務、客戶需求不清楚、資深與資淺員工的溝通有問題、跨部門溝通有問題、如何讓消費者清楚知道產品特色、希望讓生產線員工明瞭生產排程，徹底執行。

我在課堂上將這十個問題與需求，都寫在白板上，接著找出關鍵元素，才知道如何對症下藥，幫助他們提升精準表達力。我利用課程中間的午休時間，由這十個項目出發來思考，重新架構課程內容。

找出結構的思考，可以有三步驟：第一是確定主題定位，就是精準表達的需求；第二是能簡化訊息，找出關鍵元素；第三是釐清關鍵元素彼此的關係，建立新的結構。

我畫出的結構（見下頁表 7-2），是從上游到下游的三個關鍵元素，客戶、公司本身與消費者。公司如何了解上游客戶需求，公司如何讓下游消費者了解產品特色，第三是公司內部的溝通，包括部門之間的溝通，生產線上的執行力、資深與資淺員工的溝通，以及企

表7-2，溝通問題與學習需求結構圖

業總裁與員工之間的溝通。

有了這個結構圖，我再一一檢視學員提出的溝通問題。這樣做的好處，是讓身為講師的我能夠更妥善地安排學習重點，才能滿足學員需求；第二是讓學員知道自己的問題，在結構中的位置；第三是讓學員理解，要先學習結構化思考，才能精準表達。

我鼓勵大家，慢慢練習多傷點腦筋，培養結構化思考的內功，下一堂就進入結構化寫作的招式，讓寫作更精準。

回顧與練習

這堂課教兩個結構化思考的方法：（一）運用邏輯金三角，進行魚骨寫作法，讓段落思考更扎實。（二）大結構的思考，從三重點與四象限，讓文章有穩定的結構力量。

練習1

畫出自己文章的結構圖：找出自己寫過的文章，重新畫出結構圖，可用三重點或四象限來整理。

練習2

畫出別人文章的結構圖：找一篇雜誌或重要的網路文章，畫出文章的結構；若沒有清楚的結構，可嘗試改寫，運用結構化思考找出關鍵元素，重新建立結構。

第 8 課

結構力（二）

金字塔外功，
讓寫作更精準

哈佛大學創新教育專家華格納，與創投企業家汀特史密斯合著的《教育扭轉未來》一書，引用了美國國家教育進展評測，對高三生寫作能力的分析，五二％的學生屬於基本程度，也就是文章思路具有一致性及完整結構，並能經由文字敘述充分表現想法，文章所使用相關細節與舉例說明，應能支撐或擴展主要論點。

另外，二四％學生屬於文筆流暢，除了基本程度外，還多了可用清楚、簡潔、具有邏輯方式呈現想法。最後只有三％的人達到妙筆生花的高階程度，增加精心布局的用詞，透露清晰的主張，以及強大的修辭能力。

美國國家教育進展評測的標準，其實也是職場寫作溝通的基本標準。文筆流暢是重點，妙筆生花的修辭能力並非基本配備，而是需要能支撐文章站立起來的結構。

金字塔原理寫作法

寫作結構是一種文章布局的方式，讓內容有支撐的骨架，幫助作者清楚簡潔呈現想法。我認為，多數文章的問題，來自前述段落思考與句子思考的差異。學寫作不是花時間練習成語，堆砌華麗句子，而是要練好邏輯思考、段落思考這些基本結構。

我要介紹另一種精準有力的寫作結構，供大家練習。不知道大家是否觀察過，香檳塔的搭造，一定都是從下而上；先打好基礎，再一層一層往上堆疊。越往上搭、香檳杯就越少，塔頂就只有一杯，這時就呈現一個金字塔形狀的香檳塔。

搭完香檳塔，接著從上而下倒入香檳，香檳順流而下，依序斟滿每個高腳杯。當我們開始取香檳杯慶祝時，也得從上往下拿，香檳塔才不會傾倒。

換個角度想，寫作就像是搭香檳塔。作者先從底部思考、整理資料，一層一層找出重點，慢慢往上堆砌想法，最後呈現那一杯獨到的觀點與結論。

從讀者角度來看，反而是由上往下取香檳來喝。讀者先看到香檳塔的脈絡，再看到最上面的觀點或結論，由上往下依序閱讀，就能了解整個香檳塔是如何建構而成。

香檳塔具體展現了寫作的結構。在企業管理界，知名的麥肯錫顧問公司就將這種思考、寫作與解決問題的邏輯方法，取名為「金字塔原理」。

芭芭拉・明托在《金字塔原理》強調，文章寫不清楚，原因除了句子太冗長累贅，太專業抽象、或段落鋪陳很糟糕的個人風格之外，第二個更普遍的原因，則是文章結構的問題，作者表達這些觀點的順序，跟讀者大腦處理閱讀內容的能力有衝突。

明托強調，讀者都是先接受主要觀點，才會再去了解次要、支持性的觀點，也就是由中心思想綁著好幾組觀點所累積的金字塔結構。透過從上而下的呈現與說明，可以輕鬆地將觀點傳給讀者，再由上往下一層一層解答讀者疑問。

我融會貫通《金字塔原理》裡的寫作概念，予以簡化並加入自己的觀點，重新建構了自己的金字塔寫作版本。

金字塔來思考

金字塔寫作是從一堆資料中消化、重點到情節，由上往下組成。但是構思過程中，往往都是從倒一堆資料中消化、歸納出重點，再提出自己的觀點結論。除了獨有的觀

點，支持觀點的重點，還要有效打
動、說服讀者的情節內容，這樣一
層一層的構思，才能讓金字塔的基
礎扎實穩定。

　　金字塔可以很簡單，也可以很
繁雜，就像俄羅斯娃娃一樣，是一
層一層金字塔交疊而的概念。支撐
第一層觀點的第二層重點，也是一
個小金字塔，是由支持重點區塊的
下層段落群組成，如果再細拆到每
個段落，也是一個小小金字塔。

　　看似繁複的金字塔，只要掌握
金字塔原理，就不會讓作者與讀者
失焦。論述過程都先說重點，再說
細節，讓讀者在閱讀時，能透過流
暢的邏輯推論，加上吸引、說服人
的內容，傳達精準寫作的目的。

表8-1，金字塔寫作結構

思考視覺化，寫作更精準

這樣的寫作結構簡潔明快，可以更符合現代職場、網路時代的溝通需求，以及新課綱素養導向的表達。為什麼我會這麼有自信？

我的寫作課學員裡，有不少是高中、國中的國文老師，他們教作文有兩個困擾。首先得講述題目情境，示範可以參考的寫作方向與內容，學生接著練習。由於學生不太會歸納重點，導致文章鋪陳過長，除了模仿老師或課本的寫法，也只能用大量的成語與修辭來點綴文章。

其次，既有教學不易培養學生的觀點。老師過去多半教學生起承轉合的敘事文，近年的會考作文，則逐漸轉向呈現觀點的論說文，再加上新課綱希望培養學生的個人見解，老師如果不改變，現有的教學法難以幫助學生提升寫作能力。

這些來上寫作課的國文老師，希望找到新的寫作教學法，不只培養學生個人見解來應付考試，還能用在推甄與職場上。

有位老師實際應用了金字塔結構教學生作文。她以國文課本的〈五柳先生傳〉為例，提問，「你覺得五柳先生是個什麼樣的人？找三個例子來支持你的看法」。她讓學生兩兩一組、運用金字塔來討論，先討論觀點，再去思考支持的三個重點。學生報告時，老師再引導學生進一步思考，澄清觀點與重點。

她也以國中會考題目「我們這個世代」為例，請學生分組練習。有人就主張「我們是

114

動漫世代」，三個支持重點分別是⋯⋯❶因為喜歡某個角色，會從事角色扮演。❷會為了參加動漫展徹夜排隊。❸瘋狂排隊搶購動漫電影首映會。

這個討論與畫金字塔結構圖的過程，讓學生練習思考與聚焦。先思考觀點與重點，就不會在字句修辭的細節上打轉，等到完成大方向與文章結構，行有餘力，再去美化文字。

金字塔結構的縱軸，是一個從底層的具象、慢慢往上的抽象化過程。抽象化能力，可以掌握個別現象的共同特性，就能夠簡化現象，找到重點。對於學生、職場工作者來說，有了高度抽象化的思考力，才會有更多水平聯想力與垂直邏輯思考力，建立個人的觀點與見解，增加專業力與溝通力。

金字塔結構還具有視覺化思考的效果，對寫作者有三大助益。第一是透過簡單的圖形，讓作者、學生先從整體大方向來構思，可以進行討論，或自問自答來澄清想法。第二，畫出結構圖，找出更多重點，構思具體內容，再構思草稿，讓想法逐漸成形。第三，寫作卡關時，能根據這個圖形來確認方向，不會迷路。

三種金字塔結構類型：時間、空間與混合

時間結構

金字塔結構能讓思考與寫作更精準，我歸納出三種結構可以加以運用。

最常用的是時間結構。這是最典型的說故事結構，根據事情發生、展的結構，透過事情變化的過程，傳達作者、或當事人的內在感受與心情。

時間結構強調時間順序，重視因果關係的連結，可以分成過去、現在與未來，也很類似起承轉合。

我過去的書寫主題都跟風土、節氣與飲食有關，但我後來開始重視自我探索與職涯能力的重要性，想以這個為寫作主題。經過構思，確認新書主題是「做有故事的人」，先成為有故事的人，才能說好自己的故事。

我整理自己過去十多年的工作經驗，找出寫作素材。雖然經歷看似豐富，有不少故事，我卻構思半年還沒動筆。因為缺乏一個清楚的結構，能夠將經驗做有條理的分類，才能簡潔有力呈現我的故事與想法。

我突然想起，說故事最重要的是三幕劇結構。在這個結構下，才能把各階段發生的事情做有條理的收束。「做有故事的人」這個主題，為什麼不用三幕劇結構當成章節，來展開故事？

我看到那道曙光了。故事三幕劇有三個重點，開始、中間與結尾，更精確地來說，就是啟程、挑戰與轉變。我根據自己遭遇到的問題，思考自我突破的動機，分類放在第一幕的「啟程」，再把一路上遭遇的種種挑戰，歸納在第二幕「挑戰」，最後把歷練學習的成果，放在第三幕「改變」。

三幕劇解決了我的寫作結構難題。在這三幕結構中，每一幕各有三到五章，擁有不同

空間結構

的主題故事，我只要專注把結構弄清楚，確認各章主題，畫出每章的結構，就能把內容給填入結構中，思緒不混亂，內容才有條理。

除了時間結構法，第二種寫作結構是空間結構法。跟時間發展順序不同，空間結構是三足鼎立，每個重點沒有時間發展的因果關係，各自獨立，彼此支持，缺一不可。

從讀者角度來看，兩者最大的差異是，空間結構是開門見山，明確讓讀者知道訴求重點。時間結構則必須娓娓道來，中間不能跳掉任何內容，看到最後才知道變化結果。

以前文國中老師的提問為例，

表8-2，《走自己的路，做有故事的人》（時間結構）

「你覺得五柳先生是個什麼樣的人？找三個例子來支持你的看法」。

以時間結構來論，如果用起承轉合，就要舉出例如童年的啟發、造成青年的影響，最後是壯年的改變，但最後才有結論，不能簡單清楚地交代見解。但若換成是空間結構，學生可以思考五柳先生的三個重點特質，找出支持自己三個看法的例子，並注意三個特質的關聯性，就能解釋清楚。

寫作課有個課後作業，請學員回去採訪一位讓你佩服、或感到好奇的人物，在課堂上運用金字塔結構進行報告。一位國中生物老師採訪一個高中餐飲科主任，分組報告時，他要用十分鐘對組員分享重點，他興高采烈說故事時，我卻看到組員已經打呵欠、注意力渙散了。

我請他挑重點講，他卻認為每個階段都很精彩，必須從頭說起，但聽眾卻抓不到重點。

聽完內容之後，歸結是菜鳥主任奮鬥史。由於資歷不深，臨危授命接任科主任，因為資深老師都離職了，為了解決問題，主任得找餐飲界業師來幫忙，同時還得招生，內外都是一連串挑戰。

我建議用空間結構切入，主題是「二十四歲菜鳥主管如何逆轉勝」。一開始就說明她的挑戰，運用空間結構提出三個解決方法。比方對內安撫人心，對外如何找尋業師，以及想方設法吸引學生就讀。

這三個重點彼此相關，幾乎同時發生，用時間結構來說明，重點就會牽扯不清，讀者

無法了解，容易迷路。用空間結構來分割，路標清楚，三個重點就能各自深入說明，也能引起讀者興趣。

混合結構

如果想說故事，但是不想依照時間軸慢慢鋪陳，要快速切入重點，還有其他寫作結構嗎？

賈伯斯在二○○五年史丹佛大學畢業典禮的演說，是一場動人的演說經典，他的演說結構，也值得當成寫作結構的參考。

他一場就破題：「今天，我很榮幸能參加全球頂尖學府的畢業典禮，和你們共聚一堂。我大學沒畢業。說實話，現在是我離大學畢業最近的一刻。今天，我要跟各位分享我人生中的三個故事。我不談大道理，只說三個故事就好。」

開場後緊接著說：「第一個故事，是關於人生中的點點滴滴怎麼串連在一起。」這個故事談的是他的身世，養父母支持他上大學，但因為學費太貴了，他決定休學，但還是去旁聽他有興趣的課，他上了書法課，學到美麗的字體，以及不同字母組合的變化，最後他在設計第一台麥金塔電腦時，就把當年學到的書法字體，加在電腦中。

賈伯斯繼續說：「我的第二個故事是關於愛與失去。」他分析創業歷程，以及被董事會趕出公司的痛苦，他成為失敗者，卻重新釋放自己的創意，陸續創辦兩個公司，他才發現要找到自己熱愛的事情。

第三個故事是關於死亡。他談到罹患癌症與治療過程，重新思考生命與死亡的意義，以及聽從自己內在的勇氣，找到挑戰與希望。

最後賈伯斯做了最精彩動人的總結，期許畢業生「求知若渴，虛心若愚」。

賈伯斯示範了第三種寫作結構，混合空間與時間的結構，我稱為混合型結構。先用空間結構說明三個重點，包括人生中的點點滴滴怎麼串連在一起、關於愛與失去，以及關於死亡，這三個重點彼此各有訴求，沒有時間序列的因果關係。

空間結構架好之後，再用時間結構傳達情節內容。每個主題各有三個彼此相連的重點，用來傳達、

表8-3，賈伯斯演說（混合型結構）

120

支撐他的重點。

混合型結構幫助寫作者簡化與聚焦，藉此能夠找出重點，適當切割內容，再用小故事傳達。如此故事不會拖太長，也不會陷入要寫出細說從頭的自傳。

混合型結構也幫助讀者好理解。分別用三個重點當開場主題，讓讀者有初步的脈絡認知，再透過時間結構發展小故事，讓讀者獲得感動。最後，這三個重點又再次強化主題，期許畢業生找到自己熱愛的事情，「求知若渴，虛心若愚」。

不只是賈伯斯運用混合型結構，許多精彩的十八分鐘TED演講，也是運用這個模式，適度地切割重點，運用小故事幫助讀者理解，最後再串連回主題。

金字塔結構看似很簡單，但是每一步都是基礎的馬步工夫，簡單之中，反而有各種變化。

有結構的限制，才能發揮更大創意。儘管只有三種結構，但是每個人的想法、經驗與見解不同，就能激發寫作的獨特性。

回顧與練習

這堂課教三種寫作結構，時間、空間與混合。

練習1

畫出金字塔結構：請將你正在寫、或正在構思的文章，畫出金字塔結構。

練習2

整理舊文的金字塔結構：請找出自己不滿意的舊文章，重新畫出金字塔結構圖，看看會不會有差異。

練習3

拆解別人文章的金字塔結構：從網路或雜誌文章練習，能否快速畫出這些文章的金字塔結構，了解文章到底在說什麼？

第 9 課

情節力（一）

如何
讓文章感動人

離開媒體後，我開始寫第二本書《旅人的食材曆》，角色也從記者變成作家。出版社編輯提醒，相對其他知名作家，我並沒有太多名氣，要寫出自己的特色，才能建立品牌。「華麗優雅的文字，要輕輕滑過，還是有所撞擊，留在讀者心中？」這是編輯看完我的書稿後，給予誠懇、專業又犀利的建議。

我自認有不錯的寫作能力，轉型應該游刃有餘，沒想到遭遇很大挑戰，才能建立品牌。

起初我認為這是挑毛病，冷靜思索後，才發現編輯一眼就看穿我的寫作問題。在寫作過程中，我對台灣一些鄉鎮、物產的了解並不夠深入，只能用漂亮文字去形容與描繪，或引用清代詩人書寫台灣風土的詩作來增加內容，看似有學問，其實是包裝自己認知的有限。

我以為只要揮灑寫作技巧，就能輕易擷取事物的靈魂，但是將每本書視為生命之作的編輯，看的是修為，而非技巧。

當時《旅人的食材曆》銷量不錯，也入圍深具影響力的時報開卷好書獎，最後卻落選了。評審的評語是「文字立意過深」，意思應該是太求表現，反而讓人看出你的用意，容易失去閱讀的驚喜。

出書帶來成就感，也讓我陷入寫作低潮。要從記者變成作家，還有一條很長的路要走，自己的作品真的能感動讀者嗎？該如何調整？我透過閱讀各種書籍，包括景仰的作家劉克襄與吳明益，試圖尋找答案。我發現，他們的文字簡單不華麗，反而充滿重量，讓人感動。

事實不等於真實，看完不等於理解

我的問題，也是許多寫作者的問題。首先，要如何讓讀者產生共鳴，甚至帶來難忘的感動。其次，不能只有表面的技巧，沒有深刻的底蘊，反而造成匠氣的印象。

要如何讓寫作進化？我不確定，但下筆這件事沒有速成的味精，得細火慢熬，才有那碗扎實濃郁的高湯。我決定暫時封筆，慢慢修煉讓讀者感動的寫作技藝。

這趟寫作修煉閉關四年。我帶回來的突破技藝，就是情節力。

如何讓文章感動人？很簡單，也很難。作者很難掌握讀者，不是下感動指令，讀者就會感動。讀者要的不多，只是有沒有站在他們的立場思考，將文章傳達到他們的大腦，並打動內心。

作者希望在讀者短促的閱讀時光裡，創造出難忘的記憶。然而大腦空間有限，即使讀完一篇文章，也難以逐字逐句複誦，頂多只能整理出大概意思，或是引述印象深刻的句子，剩下的幾乎都會忘光。

越想記住，越容易遺忘，但是看電影、追劇，卻不自覺會記住很多精彩畫面。即使是微小的細節，也會烙印在腦海中，就算沒有文字輔助，光看畫面也能理解。

不同的內容形式，為什麼會有這麼兩極化的結果？人類數十萬年演化過程中，打獵、採集與求生，主要都是靠視覺做判斷。透過快速掃瞄眼前事物，就能大致瞭解整體狀況。

相對而言，文字發明才幾千年，法國認知心理學家史坦尼斯勒斯·狄漢在《大腦與閱讀》就指出，這時間太短了，短到還來不及設計一個閱讀專屬的神經迴路。他認為，閱讀真的很燒腦，需要視力集中，逐字掃讀，判斷文字的形音義，最後組成一個有意義的訊息連結，才能了解文章內容。

因此，如果句子太長、內容太複雜、跟讀者無關，大腦就很難記住。

我們常用的知識或觀念，其實是外於讀者的客觀事實。這些外在事實要透過閱讀的消化與轉換，跟讀者自己的主觀經驗相連，才算真正理解，變成讀者的內在真實。

從事實到真實，是作者透過寫作有效組織素材的效果；從閱讀到理解，反而是要靠讀者消化的成果。作者能夠服務讀者的地方，除了運用重點力與結構力梳理文字密林、立下路徑與指標，再來要協助讀者有效率地吸收文字內容，產生畫面、印象，幫助記憶。

這種寫作能力，就是情節力。英國小說家 E · M · 福斯特（E. M. Forster）在《小說面面觀》舉例，國王死了，皇后後來也死了，這是兩個接連發生的事件，但看似無關，讀者不會有連結感與記憶感。但如果加了兩個字，國王死了，皇后後來也心碎而死，就有了故事情節。

事件跟情節的差異，在於因果關係與情緒感受。國王死了，皇后也死了，彼此只有時間上的關聯，沒有因果關係。多出「心碎」兩字，就有了因果關係，因為國王過世，才導致王后因此悲痛而死，讀者了解了原因，更容易與自己的經驗相連結。因為每個人都有過心碎的經驗，兩者相乘，就產生強大的情節力。

連結人心的情節黏力

魔鬼氈三C好黏力

職場應用的內容，可不是說故事，而是理性的論述或說明，那還需要情節力嗎？情節力可以運用在理性論述的文章嗎？

只要寫作的目的是希望讓讀者深入理解、產生共鳴，甚至記憶深刻，不論什麼類型的文章，都需要情節力。

情節力在魚骨寫作中扮演打動、說服讀者的功能。魚頭句是讓讀者知道重點，預告內容，接著要靠有邏輯的鋪陳，並加入情緒來塑造張力。

情節力要如何發揮魔鬼氈的黏力？在於具體（concrete）、可信（credible）、與讓人關心（care）這三個C元素。

情節力具有魔鬼氈的連結功能。一端是作者的文章，另一端是讀者的感受，寫作要以讀者能理解、感受與連結的經驗為出發點，運用魔鬼氈的鉤子，將讀者的心與文章緊緊黏在一起。

✏️ 具體

只要有具體的故事，就能幫助讀者黏上抽象的道理。好比知識是抽象的，老師傳授知識時，要讓事實變真實，就需要舉出跟學生有關聯的例子，幫助他們理解。

金字塔結構頂端的觀點，也是抽象的概念。金字塔越往下越具體，最基礎的底層就是情節力，透過具體、可信與關心這三個C來黏著讀者。

具體是一種越描越多的表達方式。如果說花園很美麗，「美麗」相對是抽象的，因為每個人對美麗的認知不同；要再具體描述，讓腦海填入更多畫面，才更能感受花園的美麗。例如有多少種花、什麼顏色、氣味，還有鳥叫聲嗎？五感越豐富，畫面越具體，越有感受力。

偉大的作家與演說家都不打高空，而是讓人有真實感受。《邱吉爾演講術》引述希臘哲學家亞里斯多德在《修辭學》表達的重點：「演講者最困難的工作之一，是找到一個恰當的例子，或一個具體的詞彙。」

一九四六年，二次世界大戰剛結束，英國首相邱吉爾在前一年大選失去首相寶座，現在遠赴美國演講。由於蘇聯開始擴張勢力範圍，他思索該如何提醒世人提防蘇聯的野心。

他在火車上看著歐洲地圖，用筆從波羅的海穿過波蘭，南下巴爾幹半島直抵亞德里亞海，畫下一條黑線，這可能是蘇聯試圖侵占的勢力範圍。

邱吉爾盯著車廂分隔臥鋪的簾幕發呆，突然靈感乍現，在演講稿寫下幾句話。第二天

在演講台上，他大聲唸出來：「從波羅的海到亞德里亞海，一道沉重的鐵幕在歐洲大陸落下。」

彷彿真的有道鐵幕落下，發出巨大聲響。這段有力的文字喚醒美國人與全世界，也陸續進行拯救歐洲經濟的馬歇爾計畫，以及成立對抗蘇聯的北大西洋公約組織。

邱吉爾的文字，不僅具體，而且可信，更讓人關心。具體是有一個「鐵幕」的畫面感，彷彿讓人可以感受；可信是他畫出了一道鐵幕之線，有地點，而且來自他這位重量級人士之口；讓人關心則是因為才剛打完仗，人們渴望和平之際，更不容許有人破壞和平。

✏️ **可信**

可信也是黏著力的關鍵。不能信口胡說，要有根據，才能讓人信服。例如有數字、有消息來源、有你的觀察，或是引述專家或他人的想法，才有說服力。

具體與可信是相輔相成的。如果兩個人在法庭上對質，一方對人事時地物講得很含糊，另一方說得鉅細彌遺，甚至連很多不為人知的小細節都能指證歷歷，法官會相信誰？一定是有根據、有細節，傳達真實感的那一方。

✏️ **關心**

想讓讀者關心，第二課提到ROA思考術，就是在思考讀者關心什麼、在意什麼。一般來說，讀者關心的都是跟自己直接有關的事，或是有熟悉感、有時是新奇有趣的事物。

從脈絡找情節密碼

脈絡

除了具體、可信與關心具有情節黏力，還有第四個C——脈絡（context）。脈絡的功能是幫助讀者理解，將單獨存在的文字、內文（text）整體包含（con）、貫穿連接起來，建立彼此的關係，才能了解前後文的意涵。

要讓寫作內容有脈絡，作者在寫作前就要具備脈絡思考。就像淘金一樣，要從大量的訊息泥沙中找出隱藏的情節密碼，梳理出重點，找出意義。因此，必須了解人、事、時、地、物背後發生的原因，能夠整理出5W1H的元素，就能掌握脈絡。

梳理脈絡，是寫作前最重要的能力。要精進這個能力，就得跳脫自己習以為常的領域，練習在不同訊息中看出、感受出背後運作的脈絡之網，才知道如何有效組織、傳達訊息。

我也面臨過寫作瓶頸，封筆四年，最後找回信心。我的轉變是在這段期間放下熟悉的環境，沉浸在台灣不同鄉鎮村落的生活環境中，嘗試找出不同的特色。我先了解不同地方民間家中的餐桌與廚房，延伸到市場、田裡與海上，藉由當幫工與助手，去觀察訪談與交流，慢慢了解每一家、每一村與每一鄉的人事物，以及背後的風土環境，甚至是更長遠的歷史與族群遷移變化。

有了深刻的觀察與感受，對於外在現象才有更細膩的掌握。偵探小說家卜洛克在《卜洛克的小說學堂》寫著：「線性記憶還沒感官記憶好用。不要把心思花在當時到底發生什麼事情，而要把注意力集中在看到的、聽到的、嚐到的、聞到的感覺。你當時有什麼感受？是怎樣的經驗？」

找到脈絡是情節力的起點。最重要的是根據脈絡找到特色重點，為這些訊息賦予新的意義，才能打開情節密碼，寫出自己的風格。

梳理脈絡，賦予意義

在我的寫作課堂中，情節力的練習，是請每位學員去採訪人物，寫成一篇文章。有位學員採訪他很熟的計程車司機。訪談內容談到他曾開過早餐連鎖店、做過房屋仲介，還有開計程車，內容很豐富，但是資訊渙散，沒有重點。

我建議要以現在的計程車工作為主，因為這位學員熟悉這位司機，又能直接觀察他的工作狀況。透過學員陳述訪談內容細節，我協助整理出脈絡，從脈絡中運用空間結構思考，歸納出三個令讀者關心的重點，分別是：建立搭車熱點的大數據、如何製造熟悉度，還有如何察覺客人是否想叫車。

計程車司機的特色原本跟一般讀者無關，賦予這三個重點意義後，扣合主題「如何創造自己的經營價值」，就是一篇職場與商業運用的好故事。

有了新意，再將情節力放入結構，強化佐證。第一個重點是搭車熱點。這位司機花時

間調查客戶密集出現的時段與區域，找出熱點數據，前往載客最容易有生意。第二個重點是他會記錄哪些客人會重複出現，並坐上他的車，記住特徵與需求，下次主動打招呼，讓客人熟悉有好感，成為主顧客。第三個重點是他會觀察路上行人的動作，不等客人招手，立即開到身旁，這樣不斷嘗試，讓他的直覺判斷越來越強。

先整理脈絡，從中找出重點，並賦予新意，再重新組織內容，達到具體、可信與令人關心的效果，就是一篇具有黏力的好文章。

二〇一四年九月，我出版了《風土餐桌小旅行》，與《旅人的食材曆》相隔四年之久。新書邀請飲食文學名家蔡珠兒寫序。她開頭寫著，「洪震宇這本書，肯定是釀出來的。歷經四年釀酵熟成，一掀開，香味就從字裡行間飄溢出來。」珠兒又寫著，「他彷彿有一雙歷史的陰陽眼，能夠穿越時間，透視文化的足跡烙印，貫串起過去和現在。」

創造讀者的三C黏力之前，要先建立自己的脈絡能力，我花了四年才學會這堂課。

回顧與練習

這堂課教三個情節力黏力元素：具體、可信與關心，你的文章有沒有具備這三個元素？

練習1
放入具體字句：把你文章裡抽象的字句或形容詞拿掉，換上更具體的字句。

練習2
找出三C元素：從網路或雜誌文章練習，找出精彩文章的三C元素。

練習3
實地訪談：採訪你覺得有趣、充滿熱情的朋友或同事，從訪談內容整理出脈絡，拉出三個重點，再將有趣的情節分別放入這三個重點中。

第 10 課

情節力（二）

如何
讓文章生動

我曾經參加一個客家飲食座談。我是六位與談人之一，主持人會輪流提出六個問題，請與談人各分享五分鐘。

第一題是「什麼是客家味道」？這個問題很抽象，很難回答。我該如何接招，才能吸引台下上百位聽眾，且不能跟其他專家類似，又能清楚表達我的想法？

幸好我是第四個發言者，還有點時間準備。我拿出便利貼，畫出金字塔結構，先寫下想法：客家味道就是結合在地風土與生活智慧；接著必須具體化，才會有力。

我以芋頭的綠莖——芋梗為例，寫出三個重點：台中大甲、高雄美濃與高雄甲仙怎麼料理芋梗，各自的情節就是三地的芋梗風味：大甲不太吃芋梗，因為不好處理，都丟在田裡任其腐爛當肥料；美濃是清炒，加點白醋；甲仙則有三吃——清炒、曬乾煮排骨花生湯，還有加鹽發酵成酸芋梗，用來配粥……

我邊看觀眾表情，邊拿麥克風描繪芋梗的滋味，聽到不少笑聲。我藉著小小芋梗的滋味，傳達不同風土環境如何影響客家人的飲食味道。

主持人注意到我在現場使用便利貼做筆記，也觀察到現場觀眾的肢體語言。「大家聽到換你分享時，會很認真地往前稍微欠身聆聽。」我回答，講話要生動有趣，才能吸引聽眾。

講話要生動，文章更要生動，才不會失焦。說話時可以解讀聽者表情與肢體語言，寫作時眼前沒有讀者，難以判斷，就要靠對讀者的同理感受。

情節要靠關節，讓文章跑起來

在情節力之前的課程，強調精準度，想法、用語都要精確，接下來要學習如何讓文章生動。

生動就是有動作的畫面，有動作的文字要靠動詞，句子與段落中有了動詞，會立刻活起來，充滿主動積極的力量。

段落思考中，名詞與動詞是主要關鍵。史蒂芬・金在《寫作》中說：「一個句子是意思明確，包含名詞、動詞的一段文字，完整的想法由作家的腦袋躍然至讀者的心，用任何一個名詞加動詞，就有完整的句子。」

金字塔的結構就像是人體的骨架，是穩定的硬體，但若沒有力量的帶動，就會很生硬。情節力就是讓金字塔能跑動起來的關節，是發揮關鍵動力的軟體。

接下來看看三種不同類型的文章，如何用動詞讓內容變生動。

第一種類型

談個人經驗、觀察、敘事與遊記，可參考《風土餐桌小旅行》第一章「豐濱人的餐桌故事」開場前兩段：

寒風中，海浪在岸邊來回奔馳，烏雲密佈，海天交界透出淡淡微光。我的朋友耀忠，彷彿是被潮聲召喚，凝視遠方的眼神露出興奮光彩，他矯捷的攀下護欄，回頭對我招手，隨即在嶙峋巨石間跳躍前進，實在是好身手，我暗自喝采，也趕緊跟上，但耀忠轉眼間已在十多公尺之外了。

離大海愈近，浪擊岩石的拍打聲愈激昂，「要會聽浪看浪，四小浪後跟著一大浪，大浪一退就要起跑，」海浪暫時退去之際，他毫不遲疑往前奔去，半蹲在海水中一面摘海菜，一面將海菜放進腰間的網袋，他的眼神仍不時盯著海浪，二十秒後，大浪再度襲來，他先揮手要我退後，再趕緊轉身往後跑。一會兒浪走了，他又前進蹲下摘海菜，就這樣來來回回十多次，躲避海浪追擊，又像在跟浪潮嬉戲，身影在岩石上輕靈舞動，有如起伏的波浪。

解析

這兩段主要都是名詞與動詞相連，有了動作之後，就有畫面感。主題是觀察阿美族大廚耀忠如何採海菜的過程。我寫了一個有海浪的大場景，身在其中的耀忠，為了採海菜必須跟大海搏鬥的過程。

第二種類型

寫自己的生活經驗或是人生看法，以及生活小故事。適度加入動詞，會讓文章更有自

信。可參考我在《走自己的路》描寫女兒參加桌球校隊的心路歷程。

女兒參加桌球校隊的時間並不長，一開始的比賽總被外校對手痛擊。我在現場非常緊張，都是抱抱她，要她記住失敗的原因，勤加練習。女兒總是一早出門練球，放學後繼續練習，教練不苟言笑，嚴格督促，孩子們總是戰戰兢兢。

何時才能旗開得勝呢？實在不確定。在北區少年桌球菁英賽中，女兒竟然連勝兩個同年級的對手（過去常對上高年級），看到她表現沉穩，回擊得分時，她與奮地振臂高喊，比賽結束後，我抱著她激動的流下眼淚。女兒沒哭，反而是老爸哭了。

我永遠記住那一刻。

解析 每幾句話之中，就會呈現動詞，幾乎很少有形容詞。這些動詞都在強化畫面感，讓讀者有身歷其境的感受，如果太多形容詞，反而會降低畫面感。

第三種類型

偏向論述溝通的主題，運用動詞可以加重語氣、增加畫面感，而不會讓理性分析的文字太枯燥，並幫助理解、加深印象。

可參考《機會效應》第六章「自我破壞的進擊」，談如何創造人生第二曲線。

管理學思想家韓第（Charles Handy）在《第二曲線》（The Second Curve）這本書呼籲，必須在第一曲線尚未觸頂前，就展開第二曲線，才能掌握充足的資源（時間、金錢與精力），熬過第二曲線剛開始的底端，開始往上爬升，創造第二曲線的高峰。如果是在滑落之後，才努力逆流而上，不僅需要耗費更多力氣，也會付出更多代價。

但是問題來了，我們怎麼知道第一曲線已達頂峰？還是已經下滑？如何在對的時間，做對的事情？

這是本章的主題。外在對手隨時環伺，很難察覺，但是內在對手（也就是我們自己），卻隨時可以察覺溝通。當自己開始感到志得意滿，或是即將達成目標時，就要儘早設定新的目標，培養新的能力，展開新的學習與探索。建立第二曲線的過程，可能需要<u>自廢武功、砍掉重練，破壞自己原有的優勢</u>。

解析

好情節要多用動詞，相對就是少用形容詞。形容詞的問題是空泛，表達不夠精確，就像走省力的捷徑，只用幾個字來形容，不夠深刻。

前文我用兩段來描寫大廚耀忠冒險採海菜的過程，也可以只寫幾句就帶過：「阿美族大廚耀忠很勇敢，勇於挑戰大自然，努力採海菜。」但是讀者並不會有印象，也不會知道原來要聽浪看浪，四小浪後有一大浪，還得蹲在海水中，摘下海菜放在腰間的網袋⋯⋯

若想好好運用動詞，寫作者就得多觀察、多想像，認真描寫細節、動作與變化，就像拍動作片一樣，節奏緊湊，也能創造自己的寫作特色。

情節就是細節，成為文字導演

情節不只靠動作傳達，也需要運用細節產生畫面感。比方我描寫耀忠的動作，除了動詞，還加上很多描繪現場的細節，這會讓讀者感覺歷歷在目，充滿真實感。

細節卻不是細碎。許多人常常寫了很多細節，卻讓人有不知道在寫什麼的疑惑感。問題在於細節沒有扣緊主題，導致讀者不知道為什麼要讀這些，也因此失焦。

細節需要扣緊主題才有意義。因此，我們要從大量細節中精挑，找出最符合主題、最讓人有感覺的內容。「讓文字變得生氣勃勃的祕訣正是細節，」《推理寫作祕笈》寫著，「一句有說服力的細節，勝過一整頁的描寫。」

以《機會效應》第二章「刻意製造混亂」為例，有一段談我家馬桶有問題，從網路上找到一位馬桶專家，請他來裝馬桶的過程。（劃線部分是細節）

> 到了約定日期，早上八點大門電鈴準時響起，只見他帶了大包小包進門，除了馬桶之外，提了兩個工具箱，還有兩個裝抹布、菜瓜布與清潔劑的水桶。
>
> 他端詳了一下浴室馬桶的狀況，先問我可否讓他照相，並放在部落格上，我點頭同

意。他拍完照，打開工具，蹲在地上準備敲開舊馬桶底座。沒多久，他請我看看移除馬桶之後，埋在地板的水管，說明會怎麼處理與安裝。拍完照，接著安裝新馬桶，處理完畢，也仔細把地板整理乾淨。

「客人大部分都是裝潢完才搬入，你看哪個客人曾經看過馬桶師傅工作的樣子？」他跪著擦地板，驕傲地拍下我家廁所乾淨整潔的樣貌。

解析

第一段我著重描寫達人的準時，仔細寫下他帶各種工具，傳達準備齊全的意思。第二段描寫他會先徵詢顧客意見，也仔細安裝馬桶，有禮貌且細心。第三段刻意寫出他跪著擦地板，又充滿自信的回答，代表對自己專業的重視。沒有這些小細節，就無法感受這位馬桶達人的特色。

精彩的細節，會製造強烈的畫面感。英文寫作書籍有句名言，「show, not tell」，強調不要一直敘述，而是要呈現畫面，讓畫面自己說話。畫面感是很強大的魔鬼氈鉤子，光靠文字就能在讀者腦中同步直播。

用細節營造立體感

我們常聽到工作人員問導演，這顆鏡頭要拍什麼，要呈現什麼內容？就是如何將平面的文字劇本，透過攝影機呈現出立體的畫面。

鏡頭的角度，就是讀者的角度。想運用畫面感，就要練習當文字導演，文字就是你的鏡頭，帶著讀者在文字大海中遨遊。「作者就像電影攝影師，在故事行進中操控觀眾的視線，所用的語言技巧就相當於攝影機的不同角度和鏡頭的快速切換。」史迪芬‧平克在《寫作風格的意識》說。

文字導演有三種鏡頭可以伸縮運鏡。「遠鏡頭」是描寫地點、大場景；「中鏡頭」將畫面拉更近，呈現人物之間的互動關係；最後是「特寫鏡頭」，這是將鏡頭貼近主角，可拍出臉部表情、反應跟感受，還有服裝或運用道具的細節。

以《風土餐桌小旅行》第八章「甲仙人的餐桌故事」為例：

遠離鎮上，我來到關山社區的嘉雲巷，一處山林裡的清幽地。山中沒有一點手機訊號，彷彿將全世界隔絕在外頭。清晨五點，我醒過來，開門走到庭院。天空依然沉睡。冷風瞬間從四周滲來，身體不自覺打了哆嗦。突然看到前方黑暗處有點微光，忽明忽暗，一團黑影有節奏的跟著微光移動，我輕喊一聲，「賴大哥？」

「起床了喔！」黑暗中傳來他的聲音，微光朝我這邊照來，原來是他戴的頭燈。燈光又轉向，緩緩移動，穿過黑壓壓的龍鬚菜田。菜叢輕輕發出聲響。光線一路往我這兒飄來。暗色中，藉著光線，我看清楚賴雲禎大哥的模樣，長袖襯衫，鴨舌帽，揹一個大簍筐。

他卸下簍筐，裡頭擺放二十把剛採好，用橡皮筋束綁的龍鬚菜，頭燈照射下，像一列

立正站好的士兵。我想像著，黑暗中，一盞孤燈，賴大哥像高深莫測的武林高手，微光一點綴到葉面，食指與拇指如落葉飛花，瞬間攫走藤蔓綻放的精華。這是他四十年如一日練成的工夫。

解析

第一段是遠鏡頭。從我（作者）的角度，看眼前黑暗中透著微光的山林，也看到一團移動的黑影。

第二段是中鏡頭。鏡頭拉到菜農賴大哥周圍，看清他戴頭燈、穿長袖襯衫、鴨舌帽與揹籮筐。

第三段是特寫。鏡頭帶到龍鬚菜，像一列立正的士兵，也帶到賴大哥的手指頭，傳達他摘菜的好功夫。

三個鏡頭由遠而近地移動，用畫面呈現農夫的辛勤與技術，也讓讀者更清楚了解他們的工作。

如果是用敘述，只要一段或一句話就寫完了：「我住在龍鬚菜農賴大哥的家，清晨和他一起採菜，了解他黎明即起，工作辛勞，這個日子數十年如一日。」

這就是旁觀敘述跟主觀呈現的差異。要如何讓讀者感同身受？不是告訴他們正在下傾盆大雨，而是讓他們直接感受自己正被雨水淋濕。

情節要有糾結，引起情感共鳴

除了動詞與精選的細節，情節力最扣人心弦的，莫過於創造懸念。

許多教人如何說故事的書，都會提到故事的核心是「衝突」。衝突是故事的引擎，沒有衝突，就沒有故事，沒故事前進。

只要是故事，就會有衝突。衝突不一定得劍拔弩張。每個人都有渴望與目標，也希望一路順遂，但往往結果不如預期。當目標遇到外來或內在的阻礙，就會產生衝突，有衝突就有內心糾結，就會讓讀者產生好奇的懸念，關心接下來該如何？因此，故事的動力就來自為何糾結，以及如何解決的過程。

「不管說什麼樣的故事，最好的方法是能在讀者心中產生最大的懸念，促使他們為了得知後續發展而不斷翻頁。」《推理寫作祕笈》強調，「情節產生了自己的堂兄弟，也就是懸念。懸念會讓你手不釋卷，一直往下讀，很想知道接下來會發生什麼事情。」

因此，故事有一個簡單公式，目標＋阻礙＋糾結，就產生引人好奇的懸念，這也是一個環環相扣的因果關係鏈。

認知科學家卡門‧席夢在《別有目的的小意外》指出，根據一份二〇一五年以分享簡報內容網站SlideShares的熱門研究，「意外性」最能有效讓人長期記住，並引發行動的變數。「只要讓人感到意外（無論這意外是好是壞），都會讓他們產生額外的情緒與注意力。」

144

只要超過原本預期，產生意外，就會吸引注意力，讓讀者繼續看下去。電視劇播廣告前，一定會出現讓目標遇到阻礙的事件，這個意料之外的狀況，該怎麼辦？就先賣個關子，讓你等不及想知道。

只要掌握糾結元素，就會產生吸引人的情節。除了寫作，也能應用在一般簡報提案，如果內容豐富，講得頭頭是道，不一定有吸引力，因為只有目標，欠缺阻礙，更沒有讓人關心的糾結，聽眾自然無法產生持續關注的吸引力。

《機會效應》第二章「刻意製造混亂」有部分提到直接跟農夫買的「買買氏」，如何從廣告文案高手，放棄大好事業，投入農業行銷，成為創辦社會企業的執行長。我將這幾段文字分析如下（見下頁）。

身高一五〇公分、個頭嬌小的金欣儀，有天早上如往常搭捷運上班，擠在人群中，一時心血來潮，掐指算算六十五歲退休前，這一生得付出的工作時數，竟發現這輩子七成以上的人生都要貢獻給工作，突然驚覺，「人，來到這個世界上真的就只是為了上班賺錢嗎？」

拿到廣告大獎的風光，沒辦法解答她的疑問。行動力很強的她，報名了一堂在淡水山上、追求自然農法的種田課程，嘗試找出一些答案。

當二十多位同學彼此自我介紹時，沒有人介紹自己名片上的職業與頭銜，而是闡述夢想、生活價值與旅行見聞，輪到她時，竟一時語塞，因為自己的人生只有工作，沒有其他值得分享的事情。

上完課，金欣儀知道答案不在台北職場，也不是關起門自我反省，而是得徹底轉換生活方式，才知道該如何過自己的人生。

剛好主管從台中開會回來，帶了一盒鳳梨酥請大家吃，還提醒她注意包裝盒裡寫的文案，這些以鄉土俚語寫的文字，誠懇地寫出對土地作物的情懷，讓她這個不懂台語的台北人，讀起來仍覺親切、毫無陌生感。這些文字比起過往她幫進口名車、投信基金寫的文案，都更加誠懇且具有真實感。

受到種田課與鳳梨酥文案的啟發，讓金欣儀想環島認識更多辛苦的小農，參與他們的生活。她決定跟賞識她的主管提辭呈，辭呈寫著：「我要去種田，我想用我的筆去幫那些辛苦的農夫們耕田！」就這樣決定過一年她的「棄業」人生。

這是混亂人生的開始。她在各地上山下海，學會幫一大群人在山上過夜、被牛追、教部落媽媽們學電腦，甚至帶一百二十個孩子清掃林道。每天晚上累到躺下來時便暗自咒罵，比台北工作還累一百倍，幹嘛來？卻又期待隔天的到來，因為每天都是嶄新的開始。

有一天，她利用空檔時間，上網檢視自己的基金投資狀況，竟發現因為二〇〇八年金融海嘯，上班拼命累積的錢，縮水了一大半。她也只能自我解嘲，儘管自己過去寫文案銷售基金，卻逃不過金融海嘯的波及，當下無薪水的環島農事體驗，反而成為最真實的資產。

解析　請注意兩個重點。第一，目標、阻礙與糾結是一段接一段，三元素彼此是環環相扣，不能跳躍，這個過程就會製造起伏的情節，超越讀者的預期，讀者才會想知道接下來該怎麼辦。

第二，即使是情節力，仍需運用魚骨寫作法。先寫魚頭句傳達目標、阻礙與糾結的重點，再用魚肉句傳達情節、用魚尾句做收尾，與下一段產生連結。

情節力是用來吸引、打動與說服讀者，不能只一味地說故事，而是要扣緊主題，讀者才會有收穫。

以下再以「買買氏」金欣儀的故事為例：

一次捷運上的疑問，一盒鳳梨酥文案，一堂種田課的啟發，金欣儀在無意之間為自己的人生掀起巨大無比的颱風。身處暴風圈中，卻實踐了環島、環球與創業，一個小小台北上班族從未想過的夢想。

曾有媒體採訪她，創業當下是否有猶豫或考慮？「就像我每次旅行一樣，因為不知道，所以不會怕，反而會產生開創性的點子。」現在回過頭看，會覺得「多知道」一點比較好嗎？還是創業就是得不知道？金欣儀回答，「創業最好要『不知道』哩，都知道的話，大概就沒有人要創業了。」

人生經常因為不知道，才想去探索、學習與經歷，如果認為自己什麼都知道了，一方面是無趣，另一方面，因為世界經常跟我們唱反調。

機會經常隱藏在混亂土壤中，需要我們去深掘碰撞，才可能出現蹤跡。

解析 最後四段重點與結論，要將故事收尾，回到勇於接受混亂的主題，正是運用結論強化故事的意義。

現實的讀者，讓我們更務實，充分運用情節力，才能把外在的事實，變成他們內在的真實。

148

回顧與練習

這堂課教三種情節力技巧，包括善用動詞、描寫細節，以及運用衝突帶來的糾結。

練習1

用三種技巧強化文章：可綜合運用寫成一篇文章，或是各用一段分別練習其中一種技巧。

❶ 動詞：

❷ 遠中近三種運鏡方式：

❸ 目標、阻礙、糾結：

練習2

分析應用：請細讀情節力（一）的開場文章，標注目標、阻礙與糾結的段落，並分析為何什麼作者會用這幾段當開場，他想傳達什麼？

第 11 課

觀
點
力
（一）

寫作，
建立你的獨特見解

在寫作力抬頭的時代，人人都有機會用文字表達自己的想法。我們都渴望被他人支持與肯定，被按讚，被分享。

然而人人有話想說，卻往往說不清楚。我在寫作課堂或溝通表達的工作坊中，發現不同領域的學員都有表達見解的困難。

觀點力卡關，歸納原因有三「不」：❶「不清楚自己的觀點」，即使講出了想法，卻缺乏邏輯推論跟合理的證據；❷「不敢表達」，害怕自己講不好，被別人看輕，只好一直壓抑；❸「找不到自己的觀點」，沒有想法。

為什麼會這樣呢？傳統的教育習慣灌輸正確知識與答案，並不鼓勵培養個人想法，更何況是不同於標準答案的見解。

現在卻是需要勇於表達想法的時代。網路時代人人都可以成為媒體，都可以表達想法，擴大影響力。只要你擁有改變他人認知的「獨特觀點」。

溝通表達大師卡曼‧蓋洛《跟TED學表達，讓世界記住你》前言的第一句話，就是「構想是二十一世紀的貨幣」。他解釋，有些人特別擅長表達自己的構想，將提升他們在社會的地位與影響力。

TED創辦人克里斯‧安德森也在《TED TALKS說話的力量》談到，TED的目的，就是讓演講人能夠將思想灌到聽眾腦袋中，改變人們看待世界的方式。演講者要運用一個像繩索的主軸，將建立中心思想的所有元素，都掛在這條繩子上。

這條繩子就是精準寫作金字塔頂端的「觀點力」。透過觀點的穿針引線，由上往下逐

從觀察到觀點

一鋪陳重點與情節，每一層都必須扣緊觀點核心，不能有所偏移或離題，才能有效說服。

在網路時代，沒有獨特見解與觀點，文章很容易就被海量的資訊淹沒。歷史學者哈拉瑞（Yuval Harari）在《21世紀的21堂課》引言，第一段就開宗明義提到：「在一個資訊滿滿卻多半無用的世界上，清楚易懂的見解就成了一種力量。」

清楚易懂的見解，正是精準寫作要傳達的觀點力。

何謂觀點？律師暨藝術史學家艾美・赫爾曼（Amy Herman）在《看出關鍵》（Visual Intelligence）解釋「觀點」（perspective）一詞來自拉丁文「perspicere」，原意是「看透」。這個詞源自十四世紀，原指運用望遠鏡內的凹凸玻璃來改變視覺效果；現在的定義是看待、評量某事物的角度，就像透過不同的鏡片來看世界。

觀點的中文意思，則是觀察事物的位置，以及採取的態度，類似見解、看法。然而，不論是中文或英文的解釋，觀點都跟視覺、觀察有關。

觀察跟觀點有什麼關係？福爾摩斯應該是最佳代言人。

《波希米亞的醜聞》中有段精彩對話。華生一直認為他的眼力不比福爾摩斯差，但為什麼聽福爾摩斯推理時，事情卻顯得那麼簡單？福爾摩斯就問華生，他們經常進出的貝克街221號地下室階梯有幾階？華生答不出來。福爾摩斯說有十七階。「你只是在看，並沒有

152

觀察。」福爾摩斯一針見血說道。

這段對話說明了看與觀察的差異。看是不自覺將影像收入眼底，觀察則是有意識地察覺、仔細端詳，找尋其中的意義。

華生跟福爾摩斯正是強烈的對比。就像結構力（一）提到《快思慢想》提出的兩種思考模式：直覺反應的快思與深思熟慮的慢想。華生就像被動反應的快思者，對外在世界習以為常；福爾摩斯則是主動探索的慢想者，透過遠觀近察，找尋蛛絲馬跡。

觀點的起點，就是觀察。為什麼觀察這麼重要？

四百多年前，藝術大師達文西提出「saper vedere」（意即知道如何去觀察、或如何運用視覺能力）的說法，艾美．赫曼將這個說法延伸為「視覺智能」（Visual Intelligence）。她在《看出關鍵》（這本書的原文書名Visual Intelligence，就是視覺智能）中分析，為什麼培養觀察力這麼重要，因為人們容易被認知偏見、一廂情願、隧道視野效應（意即被隧道的空間窄化，忽略外在的宏觀）這些濾鏡所影響，因而選擇性搜集資訊、找尋符合自己期待的資訊，以及排斥不符合條件的訊息。

「所有解方都能解決某些問題，卻無法解決一切問題。最好是能從各式各樣的角度觀看世界。」臨床醫師、數據學家漢斯．羅斯林（Hans Rosling）的《真確》，提出人們容易產生的十個直覺偏誤，提醒人們培養實事求是的求真習慣，扭轉根深柢固的偏見。

我們無法擺脫濾鏡的影響，卻可以向達文西與福爾摩斯學習觀察力。就像調整望遠鏡的伸縮鏡頭，運用不同角度挖掘幽微的關鍵點，變成自己的觀點。

培養原創性，建立你的見解

從觀察到觀點的過程，還需要培養原創性，建立屬於你自己的見解。關於原創性，心理學者亞當・格蘭特有個簡單的標準：「原創的特徵在於拒絕預設狀態，並且探索是否還有更好的選項。」

原創性也是運用觀察力，超越現狀，進而產生觀點力。「起始點是好奇心，去思索預設狀態最初何以存在。」亞當・格蘭特在《反叛，改變世界的力量》（英文書名Originals就是原創性）寫著：「對某種熟悉的事物，卻用一種新鮮的眼光去看，使我們能在老問題中看出新意。」

要培養原創的觀點，基礎在深思熟慮的觀察，透過外在觀察，轉換成內在想法。

三種觀點運鏡力

在寫作上，如何從觀察力提升到觀點力？先換個角度思考觀點，就像是扛一台攝影機，鏡頭拍攝的畫面，就是你的觀點。

有三種寫作鏡頭可以運用：遠鏡頭的整體視野，透過不斷轉換移動的中鏡頭，呈現不同角度的視角，最後是聚焦特寫的視點。

✏️ 視野：脈絡思考

遠鏡頭就是脈絡思考。這是一個宏觀的鳥瞰，將鏡頭放到最大，觀察目前狀況是什麼脈絡原因造成的，了解人事時地物的來龍去脈。例如從空間視野來看，除了自己所處的位置，有什麼其他部門、產業、外在因素的影響。從時間上來說，過去的影響是什麼，未來會有什麼可能性？在時間與空間結合的立體情境下，可以完整觀察整體狀況，不會有太多遺漏。

✏️ 視角：多角度思考

中鏡頭的視角，在於整體時空交織脈絡下，不同角色的角度。除了自己主觀的角度，還需要從不同角色的角度出發，客觀觀察彼此的關係。比方你的讀者是誰？他們的立場與需求是什麼？希望帶來什麼

表11-2，三種觀點運鏡力

・視野：脈絡思考、時間與空間

・視角：多角度思考、換位思考；逆向思考；創意思考

・視點：觀點、作者的立場、態度及原創性

改變？還是強化既有認知？

中鏡頭的視角又可細分成三種思考方式：從他人的視角出發的「換位思考」；與一般人相反的視角「逆向思考」；運用沒人想過的角度，則是「創意思考」。觀察的視角越多元，最後篩選聚焦的觀點便會越獨特豐富，就不容易受到本位思考的局限。

▼ 視點：觀點

從遠鏡頭、中鏡頭的發散、逐漸收斂，最後聚焦到特寫鏡頭的視點，也就是觀點。觀點就是你綜觀全局、分析不同角度之後找到的關鍵點，來自作者採取的立場、態度及原創性。

三種觀點力運用

離開職場前，我主編的三一九鄉刊物剛出刊，我正在思考人生下一步。有位命理專家朋友李咸陽，邀請我參加由天氣風險公司總經理彭啟明召開的會議。他們想了解三一九鄉與農民曆結合的可能性，想請我給點意見。

我在會議中提問，為什麼三一九鄉需要農民曆？彭啟明回答，農民曆起緣於黃河流域，放在台灣並不適用。彭啟明下鄉採訪農民，才知道老農民都用自己的田間紀錄，自己記下雨量、溫度、濕度。「聰明的農夫早就有屬於自己的農民曆了。」

我突然想起自己一年前走訪台南，蹲在打赤腳的崑濱伯旁邊，看他翻閱用日曆紙背面

156

寫滿的氣象觀察筆記，當時只覺得這位阿伯特別勤勞，現在回想，才知道是自力救濟。

了解整體脈絡之後，我推敲農民曆的問題在於不準確，聰明的農民都有自己的版本；農民曆的內容也與一般大眾脫節，只是偶爾會拿來看黃道吉日、命理。但農民曆仍保存了文化價值與實用性，只要重新調整，找到市場定位，應該有機會。

關於農民曆氣象不準確的問題，彭啟明說，他的資料庫擁有全台各地五十年的氣象資料，只要透過校正，就能提供符合台灣北中南東的正確氣象資料。

此時，我突然冒出一個新想法。農民曆要創造市場需求，對象不是農民，而是一般讀者。我們三個人的優勢是跨界整合，除了提供完整的氣象資料，內容也要符合現代生活需求，才能有影響力。

我找到的新視角，是從農民種植角度，變成重視生活實用的讀者需求。除了了解每個節氣全台各地的氣象變化，還可放入當令盛產食材與產地、節氣養生與文化慶典旅行，以及如何開運等資訊。只要創造出隱藏的需求，就可能有市場價值。

接著需要聚焦到獨特的觀點。我提出的觀點是農民曆再進化，重視樂活價值的「國民曆」，這是一本具有科學精神、符合現代國民需求、適合現代國民閱讀的國民曆，透過精美的版面設計，改變過去不易閱讀、文字編排過密、內容太雜亂的問題。

我也規劃好新書的結構：時間橫軸就是二十四節氣，空間縱軸則是我所負責的食材曆與旅遊文化曆，彭啟明負責氣象曆，李咸陽負責運勢曆。

我們三人合寫的《樂活國民曆》，由於有具體的資料根據，貼近在地生活需求，改寫

節氣與農民曆的意義，出版之後，立即成為暢銷書。

我也陸續出版以節氣與旅行為主的《旅人的食材曆》，以及重視地方風土飲食的《風土餐桌小旅行》，過程中還參與各地的觀光輔導，設計十多個地方的小旅行，帶動地方深度旅遊的風潮。

一開始只是意外的邀約，卻透過討論了解脈絡，聚焦建立新觀點，寫出符合讀者需求的內容，竟然改變了我的職涯發展，打開一條嶄新之路。

四種觀點力座標，定位你的文章

從視野、視角到視點，是一個觀點聚焦的過程。接著還需要再聚焦，讓觀點有更清楚的定位。

你可以運用四種類型的觀點力來找出觀點。橫軸右邊是鎖定個人的經驗與專業，個人的故事與經歷。橫軸左邊是他人，書寫對象是你以外的人事物，範圍從同事、親人、社群、組織、企業到社會。縱軸上方是傳達正面穩定的想法，縱軸下方則是談改變、創新、與眾不同的想法，或是批判。

有了清楚的定位，就能確認要向讀者傳達的觀點。第一類型，書寫自身經驗，談的是正面穩定、恆常不變的價值。第二類型，書寫自身經驗，批判、質疑既有現狀，提出更好的建議。這兩個類型的觀點正好相反，但都需要你深入剖析自己的經驗、看法，來論證、

支持你的觀點。

第三類型，聚焦在社會、群體、組織的人事物現象，例如該如何建立好的顧客關係，或是團隊合作，甚至是親情與愛情。第四類型則跟第三類型相反，談的是具有理想性格的人如何改變現狀、跳脫團體框架、逆向思考，勇於傳達理念。

假設我要寫女兒參加桌球賽，經過努力獲得好成績的主題，若採取類型一的觀點：透過努力就會成功，得到自信。運用類型二，有兩種角度：第一是努力不一定成功，可能要靠籤運；第二是找對方法，比努力更重要。採取類型三：比賽要靠持續練習，教練的栽培，家人的鼓勵

表11-1，四種觀點力座標

才是最大後盾。若採用類型四的觀點：桌球也能培養恆毅力，比考試讀書還重要。這四種類型的焦點與立場都不同，寫作就要選定其中一種觀點類型，確認立場，再運用結構力、重點力與情節力來證明你的觀點。

運用四種觀點力定位

寫作課中有位學員的採訪作業是訪問她的父親。這位學員的父親在新莊擔任某間宮廟的廟公。她的採訪寫作主題是如何讓年輕人了解傳統宮廟文化，列出三個重點，分別是：

❶ 現在年輕人到廟裡求籤解惑的比例增加了：是不良少年參加的刻板標籤，❸ 宮廟現在會舉辦在地藝術季活動，吸引人潮。我發現這三點都很重要，但彼此關聯性不高，便請學員說明整體脈絡，再去找視角與視點。

原來是求籤解惑的人增加了，經常要排隊，為了擴大服務信眾，宮廟決定採抽號碼牌來應變，且備有小隔間供人解籤問事，保護信眾的個人隱私。其次，每年農曆七月鬼門關即將關閉前三天，宮廟也擴大舉辦法會，希望幫助親人意外罹難的家屬，撫慰亡靈。另外，宮廟也將香油錢有效運用，舉辦一個月的在地藝術祭（以前只有三天），讓更多在地人與外地人參與，認識新莊宮廟文化，以及神明夜巡暗訪的意義。

透過擴大視野、了解脈絡，我們重新找到新視角與兩個新視點。原本是訴求年輕人多了解宮廟文化，討論後卻發現，學員的父親扮演了重要的角色（類型二），在傳統宗教日

益式微之際，他怎麼領導宮廟，運用創新與服務能力，提升宮廟的現代價值。另一個角度，則是以這間宮廟為主角（類型四），如何擴大服務，創造現代的新價值。

不論是以廟公還是宮廟當主角，視角就跟原本訴求的讀者不同了，不只是想了解宮廟文化，還擴大了讀者範圍，從事傳產、思考企業轉型或客服的工作者，都能從這個主題學到創新轉型、活化組織的能力。

只要持續練習，讓自己的眼睛變成伸縮自如的鏡頭，你就是有見解、有自己觀點的人。

回顧與練習

這堂課教如何運用觀察力，培養觀點力。先從視野、視角與視點逐步的聚焦，找出關鍵點，再透過四種類型的觀點力來找出觀點定位。

練習1

請根據觀點力的方法，寫出你文章的視野、視角與視點，並決定在四個觀點力定位中，屬於哪個類型。

練習2

解讀報紙或雜誌的專欄，找出作者的觀點。

第 **12** 課

觀點力（二）

一語道破，
勝過千言萬語

一句話，最簡單有力

我以前當記者的時候，最怕開題目會議。除了要報題目，還要為題目辯護，說明讀者為什麼要看，為什麼要現在寫，跟其他媒體類似的題目有什麼差異。

如果題目一直卡著，總編輯就會拋出一句話：「請用一句話告訴我，你的觀點是什麼？」

「一句話？這麼複雜的內容，怎麼可能只用一句話就講完，那未免太小看我的題目了吧！」儘管記者都會這麼想，卻只能用更多話來說明，氣氛往往更僵了。

總編輯最後會總結：「如果你無法用一兩句話講清楚，代表你沒想清楚，那讀者就更不清楚了。」

在繁雜混亂的訊息中，能夠用一句話一針見血指出問題核心，代表你的觀察與思考縝密完整；如果無法用簡單幾句話說清楚，也代表你還沒有想清楚。

這就是觀點力的核心。不僅具有獨特見解，更能直指核心，以四兩撥千斤的方式，讓人輕鬆了解你的看法，也能牢記你想傳達的觀點。

不論是寫作、簡報或演講，一句話的力量，往往勝過千言萬語。

簡單的力量，往往最不簡單。賈伯斯曾跟廣告公司開會，爭論一支三十秒的iMac廣告片該放進多少訊息。創意小組認為只強調其中一個主要特性，效果會更好，但賈伯斯認為

還有四、五項重點應該要說清楚，雙方僵持不下。

後來團隊負責人克勞從筆記本撕了五張紙，揉成五團紙球。「賈伯斯，接住！」他邊說邊丟一個紙球給賈伯斯，賈伯斯輕鬆接住了，還反丟回來。

「這就是成功的廣告，」克勞說。「現在再接住這個，」他同時把五團紙球都丟往賈伯斯，賈伯斯卻一個也沒接到。

「這是失敗的廣告，」克勞說。後來賈伯斯讓步了，同意製作單一訊息的廣告。

「你要人們注意的事情越多，他們記得的事情就越少。」《簡單》作者肯恩‧西格爾當時就在現場目睹克勞的示範，「如果我們想給人們一個好理由去試用 iMac，就得挑出最引人入勝的特點，再以最引人入勝的方法去呈現。」

一個產品的特點，也就是一篇文章的觀點。小說家卡夫卡曾說：「一本好書，就是一把鑿開內心冰海的破冰斧。」這把破冰斧能一刀切入核心，改變讀者的認知，就是獨特的觀點力。

觀點力，越短越有力。一般來說，如果在十五到二十個字之內寫完觀點，讀者能快速讀完，產生印象，甚至還能複述轉達，就能呈現一句話的精準力道，因為整篇文章就是在證明、傳達這句話的內涵與意義。

一句話也傳達了自信心與信賴感。川上徹也在《一言逆轉》指出，明確傳達說話者想表達的內容，產生讓他人信賴的力量，稱為「斷言力」。偉大政治家、宗教家與經營者，都是透過斷言力擄獲人心。

知名廣告文案布魯斯・巴頓主張，耶穌基督是優秀的廣告人、最佳廣告文案，因為耶穌使用的技巧，就是濃縮資訊、斷言之。例如聖經上說「愛你的鄰人」、「人活著不是單靠食物」、「虛心的人有福了」。

我也很欣賞劇作家王爾德（Oscar Wilde）機智幽默的話語，「毫不危險的想法根本不配稱為觀念。」「穿在自己身上的叫時尚，別人身上穿的就是不時尚。」「男人可被分析，而女人只能被疼愛。」

對讀者而言，一句話可輕鬆了解、咀嚼玩味；對作者來說，卻得持續鍛鍊，長期累積一句話的能力。

在瑞典擔任高中老師的吳媛媛，在《思辨是我們的義務》中觀察瑞典學生如何培養寫作能力。瑞典學生在學校的寫作課上，主要練習的是文章摘要和論辯文章，寫摘要考驗學生閱讀理解、統整、簡化和正確引用原文的能力，而辯論文章更考驗學生的邏輯思考和表達能力。

辯論文章的寫作要求，類似魚骨寫作。文章開頭必須清楚表明立場，接下來每一段都提出一個論點支持，各段開頭的第一句話必須總括整個段落，最後一段再次總結全文。這個結構只要缺了一點，就會被老師扣分。

從整篇文章的觀點、到每個段落的開頭重點句，都是運用一句話來練習思考與表達。

講明白，就代表你想清楚了

愛因斯坦說：「如果你沒辦法簡單說明，代表你了解得不夠透徹。」放在腦袋中的想法，如果不拉出來嘗試用口語或文字表達，都只是模糊不清的想法，還沒有提煉萃化成精準的觀點。

要訓練「一句話觀點力」，得先累積詞彙能力。而且，這種詞彙能力不是指寫出拗口雕琢的字句，而是淺顯有力的文字，才能讓人好讀、好記又好理解。

知名出版人見城徹在《讀書這個荒野》提出「言語詞彙」的重要性。他解釋，出版編輯只有一項武器，就是「言語詞彙」。用言語詞彙說服作家，打動、引導他們寫出具壓倒性能量的作品。

言語詞彙不只是編輯的武器，也是許多經營者和生意人的武器。因為無法正確使用言語詞彙，就無法率領下屬、提升業績，更不可能做好生意。

要如何培養言語詞彙呢？見城徹提出的方法是閱讀，但是他不主張讀越多書就越好，如果只是累積片段的資訊，也無法培養言語詞彙能力，因為那都只是作者的說法，他反而主張能否從書中「感受」到什麼。「讀書不是要看『書裡寫了什麼』，而是去感覺『自己如何感受』。」

譬如要爭取作家將書稿交給他出版時，他就會大量閱讀該作家的作品，寫出心得後，再藉由對話交流，幫助作家察覺自己沒發現的事情，提出更好的觀點，而不是只回答「不

166

錯呢」、「很有趣」這種淺薄客套的感想。

見城徹有次詢問作家石原慎太郎，能不能用《老殘》這個書名，描寫自己年老體衰的模樣。結果石原生氣地說：「我才沒老，又老又殘是什麼鬼東西！」見城徹就打蛇隨棍上，「不然，請寫下您現在的心境吧。」最後，他寫出名為《老才是人生》的百萬暢銷書。

老才是人生，這句話傳達了石原慎太郎的觀點，也是見城徹運用言語詞彙激發的創意。

一句話觀點

要如何運用一句話，創造讓讀者關心，又能彰顯文章獨特的觀點？我以情節力（一）寫作課學員書寫司機的故事為例。

課堂上，大家歸納出三個讀者會關心的特色重點，分別是：建立搭車熱點的大數據；第二是如何製造熟悉度，讓生客變熟客；第三是司機敏銳的觀察力，能夠察覺客人是否想叫車。

接著，這位學員訴求的讀者，在於如何創造自己的經營價值。

最後討論出來的觀點力，在於想開拓業務、維繫客戶、從事服務業的工作者。計程車司機的故事跟他們有什麼關聯呢？因為司機運用的方法，就是透過觀察與細心，創造自己的機會，這也是從事顧客服務工作者最想學習的能力。我們運用的一句話觀點力，就是「如何將生客變熟客，創造穩定好業績：小黃司機不告訴你的祕密」。

再舉個例子，讓一句話的力量更精準。有位寫作課學員偶然有個機會去學習做果醬，許多朋友試吃後非常喜愛，紛紛下訂，結果她的果醬越做越多，越賣越多，已經成為她的副業，無意間變成人生的一部分。

透過小組討論出來的觀點是「為感謝而生的果醬」，支持的三個重點分別是：❶ 感謝老天，因為無意間認識一位果醬老師，開啟她的製作果醬之路；❷ 感謝自己，願意打開心胸，學習新的專業能力⋯⋯ ❸ 感謝客人，若沒有大家的支持，也無法開創果醬事業。

「為感謝而生的果醬」用一句話清楚表達觀點與特色。由於果醬品牌是「悅好物集」，我也有另外的建議，重新調整內容，改成「因為果醬，人生悅來悅好」，比較貼近這個品牌特色，學員們也覺得滿感動的，這句話有趣又吸引人。

創造自己的金句：打磨淬鍊文章的關鍵句

為什麼我們要練習運用一句話，創造自己的金句？主要是運用精彩的關鍵句，能夠讓讀者有記憶點、有感覺，同時認同作者的個人論點。否則文章寫再多、再詳盡豐富，讀者不一定記得住。

一句話的力量，很難無中生有，有兩種方式可以練習。一個是從閱讀、或複雜資訊中抓出最重要的一句話，可以自問自答，嘗試練習表達，向朋友、家人或同事說明，在一問一答的討論過程中，幫助我們磨亮想法。如果對方因為某句話眼神一亮，或是開始好奇，

提高興趣，就代表那句話具有影響力。

換句話說，重新表述

另外，也可以站在巨人的肩膀上，練習換句話說。金句名言看似很多，但不少核心觀點是一樣的，只是表達方式不同，卻傳達了相同的意義。

我們要多練習同中求異、異中求同，但前提是盡量不要用成語，因為成語太多人引用，沒有你個人的見解，不具一句話的影響力。

我們也可以將成語的意義，轉換成自己的話，重新表述出來。例如「塞翁失馬，焉知非福」，電影《阿甘正傳》也是要傳達這個意思，但編劇用了「人生就像巧克力，你永遠不知道下一顆是什麼」這句台詞，反而特別雋永，而且有畫面感。

向名人借觀點，超譯成自己的金句

也可以向名人、名言或書名借觀點。有三種方法可運用：拆解、相連或對比，來重新「超譯」成自己的金句。

✎ 拆解

拆解一句話，再加料變成自己的金句。把好句子拆開，再加幾個字，轉變意義，就變成了新的句子。比方我撰寫的《風土餐桌小旅行》，可以拆開改裝，變成「風土餐桌，深

度旅行」、「風土饗宴，小地方的深旅行」、「走遍台灣，風土小旅行」。

✏️ 相連

第二個方法是兩句話相連，換字變金句。原本兩句是相連的意思，可以各換幾個字，改裝成新句子，以《走自己的路，做有影響的故事的人》為例，可以用「走出自己的路，做有故事的好人」、「走自己的路，說有影響的故事」。

《機會效應》中「人生不能準備，只有勇氣可以準備」，可以拆解為「人生需要勇敢下注」、「人生唯一能準備的，只有勇氣」、「人生不能計畫，只能一路打游擊」。

✏️ 對比

第三個方法是兩句話對比，轉換字詞變成自己的好句。原本句子是對比功能，我們可以置換字詞，維持對比效果。比方邱吉爾有句名言，「成功就是不斷失敗，而不喪失熱情」，可以轉換成「成功就是不斷失敗，而不喪失勇氣」、「真正的成功，在於接受失敗的勇氣」、「成功就是不斷失敗，還持續擁有熱情」。

這樣的練習，不是天下文章一大抄，而是天下金句一大「轉」。重點是要透過自己去消化、吸收與感受，找出觀點的核心，轉換成一句精彩有力的話語，創造讀者的共鳴。

但不能只是模仿、或是沉迷打造金句而已，關鍵還是觀點。你的觀點是否有足夠的重點力與情節力支持，能否運用視野、視角與視點的調整轉換，找出獨有的觀點，才能夠打

磨淬鍊出那關鍵的一句話，創造出吸引人的力量。

沒有好觀點，再美的金句也只是虛無的美麗，期待你找到那把銳利的破冰斧。

回顧與練習

一句話主要是透過字句的感受，轉換成為你個人的想法。以下列出幾個經典名句，請你練習改寫，變成自己的一句話。

練習1

邱吉爾：

◆ 一句謊話需要無數更大的謊話來遮掩。

◆ 如果糾纏於過去與現在，我們將失去未來。

練習2

王爾德：

◆ 毫不危險的想法根本不配稱為觀念。

◆ 政黨是眾人唯一不談論政治的地方。

第 13 課

標題力

第一眼
就決勝負

千言萬語，抵不過一句神標題

我們常以為，寫作是記者與作家一個人的事，但其實寫作這件事，需要分工合作。我剛當記者時在《財訊月刊》工作，每個月截稿的流程是記者寫完稿、總編輯看稿，再由副總主筆下標，最後再交給後製完成版面。

副總主筆（我們都尊稱他為「尹先生」）是一位中年大叔，他不用採訪、寫稿，只負責下標。他會用藍色原子筆在稿件上寫下大標、小標，稿件上常留下他改來改去的字跡。常看他埋頭苦思、或是望著遠方出神，有時會把記者找來，詢問報導內容的重點，心領神會之後，再振筆發想標題。

每個月尹先生幾乎只有截稿期才出現，工作看似輕鬆，卻扮演畫龍點睛的角色。他下的標題常讓人會心一笑，淺顯易懂，一行標題幾乎就能傳達整篇文章的意涵。

記得當時正逢一九九八年世界盃足球賽，克羅埃西亞爆冷門拿到第三名，這個灰姑娘故事受到全球矚目。我在《財訊月刊》的第一篇文章，就是寫這個從南斯拉夫獨立、飽經戰亂的小國，為什麼具有這麼厲害的運動實力？

我已忘了內容寫什麼，只記得尹先生下的標題：「克羅埃西亞三大奇蹟──足球第三名、籃球第二名、戰亂第一名」，一句話就點出這個國家的特色。

他也經常用數字對比，突顯內容的重要，例如「比爾蓋茲工作半小時，柯林頓得辛

苦一整年——世界首富五百億美元傳奇」，或是運用押韻讓兩個無關的句子產生有趣的連結，像「這邊作秀，那邊作案」，或是「多妻多子，最大是老子——ＸＸＸ獨裁統治，六子二女各就各位」（形容某位財團總裁）。

這些神來之筆，常讓作者苦心孤詣寫出來的文章，還不如一個標題讓人記憶深刻。就像日本文學家芥川龍之介在遺稿〈某阿呆的一生〉寫著：「人生不如一行的波特萊爾。」

有了好標題，讀者才會往下看

文章一開頭的標題（也就是題目），需要具備一句話的簡潔力量，這往往是讀者決定是否開啟閱讀的關鍵。閱讀流程跟寫作相反：作者都是寫完文章之後，才開始想標題；讀者則是先注意到大標，有興趣了，再讀第一段，或是翻翻整篇文章的小標，有了大致理解，才願意花時間細讀。

專業寫作者可以分工合作，但大多數寫作者是一人團隊，得練習當自己的編輯，在文章、書信與企劃書中，幫讀者下出吸引人的標題，讓讀者一眼就知道重點，還想繼續讀下去。

不要忽略標題的重要性，這是讀者看你文章的第一眼，標題就是文章的眼睛。

174

做自己的編輯，培養標題力

標題無所不在。公車廂廣告、捷運站標語與車廂廣告，都是捕捉路人目光的標題。網頁也是標題戰場。我們瀏覽網頁，大多是用手指迅速滑動點閱，直到找出有興趣的關鍵字，才可能點擊進去閱讀。

我們不能被動接受標題轟炸，更要主動出擊，運用標題力影響他人。《簡潔的威力》強調：「用簡單的方式來陳述，不表示這件事本身是簡單的。這樣做只是為了要讓其他人能夠認知、了解這件事。」

下標需要換腦思考

過去當記者時，我只負責寫作，標題都交由後製作編輯負責；直到擔任主編刊物的工作之後，我才開始學習下標題，發現這跟寫作截然不同，需要換腦思考，站在讀者角度，才能讓標題更有吸引力。

標題力是一種詮釋的轉譯能力，要有能力將複雜內容濃縮成一個標題來傳達。要取代原本主觀的作者思維，從讀者的客觀立場，以最少的字句、濃縮最多的訊息，用精準又吸引人的方式傳達給讀者。

出色的標題要有畫面感

好標題除了要精準，還得建立讀者內心的圖像感。《一聽就懂的重點表達術》強調，「當說法以資訊的形式進入人腦時，其實人們並非透過文字列進行理解，而是先將文字列轉換為圖像時，才予以理解。」因此，標題文字有了圖像感，讀者就能有效掌握與理解。

有了圖像思考，才能讓標題更出色。「試著將你想表達的內容標題化、簡單化、圖像化，用簡短的文字清楚表達出來，」這是廣告導演盧建彰在《文案力》對培養標題力的具體建議。

我原本是財經雜誌記者，擅長文字思考，後來轉換到時尚雜誌《GQ國際中文版》擔任副總編輯，讓我最震撼的是題目會議。財經雜誌都是題目優先，時尚雜誌則是視覺優先。

為了要策劃、執行視覺任務，我花了很長時間學習圖像思考。例如要如何跟攝影師溝通，拍出編輯要的畫面，得先找到參考圖像做溝通，更得事先勘景、找出拍攝重點。進入後製，如果照片不能通過藝術總監這關，還得重拍；最後才是和總編輯討論，寫出精準有趣的大標。

畫面感的訓練，培養我運用標題與圖片建立讀者的視覺感。當我開始演講與授課之後，簡報內容就像雜誌版面一樣，一張圖片配一個標題。對觀眾跟學員來說，一眼就看完，不用細讀文字，又有圖像輔助理解與記憶。

關鍵的那一句話

在寫作課討論學員文章時，我也會根據重點，先找出關鍵的一句話，再提出建議標題。比方有位學員採訪髮型設計師，他自稱是「剪髮師」，而非設計師，喜歡剪出單純簡單的髮型，不建議客戶染燙，平常也過著簡單的生活。我聽完學員敘述的重點，幫忙下了大標：「『剪』單人生」，運用一句話就讓學員瞬間了解、並聚焦文章核心，運用剪髮與簡單原則的雙關語，精準寫出這位剪髮師的故事。

當自己的編輯，需要換腦思考，從作者思維變成編輯的標題思考。要先站在讀者的角度重新讀一次文章，找到文章的一個觀點與三個重點，接著運用第二堂課提出的ROA思考術：讀者為什麼要看？看完有什麼收穫？什麼標題會讓他有感覺？用這樣的角度去思考，就能寫出清楚易懂的標題。

製造閱讀摩擦點：四原則與六技巧

不只過去紙本時代的閱讀要靠標題，現在網路閱讀更要靠大量的標題。資深編輯康文炳在《編輯七力》分析，網路使用者會在各個頁面遊走，試圖找出當中最吸引人的片段，他提醒媒體工作者要留意安排版面上的「閱讀摩擦點」，也要花心思處理這些摩擦點。

摩擦點就是讓讀者停留注意、不要快速遊走的阻礙點。因此，想抓住讀者的眼球，最快的就是運用標題，設下刺激讀者眼球的「閱讀摩擦點」。沒有摩擦的平滑閱讀，不易引起讀者注意，要製造火花，才能突顯亮點。《編輯七力》強調：「只要在不失真的前提

下，能引發讀者興趣、促成銷售，並能強化長期品牌定位的標題，就是好標。」

閱讀摩擦點有三個目的：觸動內心、帶來新奇與製造張力。觸動內心是運用讀者熟悉、關心的內容，來製造共鳴。帶來新奇是為了設下讓讀者好奇、不了解的新鮮感，讓讀者想知道後續內容。製造張力則是刺激讀者情緒，迫不及待想知道答案。

該如何製造閱讀摩擦點呢？主要有四原則與六個技巧。羅伯特·布萊（Robert W. Bly）在《文案大師教你精準勸敗術》主張標題有四大功能：吸引注意、篩選聽眾、傳達完整訊息、引導讀者閱讀文案和內文。在這四個功能下，布萊指出有效標題的四大原則4U（for you的同音字）。

急迫感

首先是Urgent（急迫感）：要給讀者一個立即採取行動的理由，例如加入時間元素（限時優惠、截止日）。

獨特性

其次是Unique（獨特性）：描述新事物，或是用全新方式來呈現已知的內容。

明確具體

第三是Ultraspecific（明確具體）：內容要非常清楚易懂，資訊充足，或是有畫面感。

第四是Useful（實際益處）：具有利益好處，例如省時、省錢、解決問題、改善缺點。

4U原則讓我們思考，文章標題是想突顯哪種特色、哪個U才是你傳達的重點？接著再思考如何運用標題技巧來滿足4U原則。

接著，我歸納出六個標題技巧，包括直白與提問、對比與連結、極端與數字。

✏️ 直白

運用一句話的技巧，直接將觀點、金句傳達清楚。例如我自己的書《旅人的食材曆》、《樂活國民曆》、《風土餐桌小旅行：十二個小地方的飲食人類學筆記》、《走自己的路，做有故事的人：從生活脈絡尋找改變的力量》。好幾本寫作書名也相當直白，如《編輯七力》、《哈佛寫作課》、《報導的技藝》、《非虛構寫作指南》。

✏️ 提問

平鋪直敘不一定吸引人，運用為什麼來提問，反而能增加讀者的好奇。《為什麼最便宜的機票不要買？：經濟學家教你降低生活中每件事的風險，做出最好的選擇》、《為什麼我們這樣生活，那樣工作？》、《為什麼GDP成長，我們卻無感？：GDP沒有告訴

你的事，拚的是數字成長，還是人民的幸福？》、《你家冰箱住的是天使還是惡魔？》

對比

句子之間有反差，意思相反、互相抗衡，最容易產生閱讀火花。香港反送中運動裡，出面力挺反送中的港星有黃秋生、杜汶澤，也有出面支持北京的某知名武打片港星，「不禮貌鄉民臉書粉絲頁」寫了一個標題：〈杜汶澤、黃秋生～專演垃圾，其實是英雄，XX專演英雄，其實是垃圾〉。另外暢銷書《富爸爸、窮爸爸》，或是《不要在該奮鬥時選擇安逸》、《別在該動腦子的時候動感情》、《小國大想像》、《以小勝大》，都是運用兩個極端相反的名詞製造對比火花。

連結

運用鋪梗的連結效果，讓兩個無關的句子變有關，或是製造出衝突、突顯差異。中間連結的梗，可以運用同音不同義、押韻字來製造連結，創造新奇效果。例如「這邊作秀，那邊作案」、麥當勞的「產銷履歷，絕不青菜」、報紙標題〈網紅，不迷網〉，還有這幾本書《你所謂的穩定，不過是在浪費生命》、《你要嘛出眾要嘛出局》、《健康，自脊來》、《好姿勢，救自脊》，都很有創意。

連結也可以運用另一個關鍵字，把兩個無關的名詞串連在一起。例如捷運車廂有個廣告，〈命運，看得出來，但肝苦看不出來——定期肝病篩檢，才能遠離肝苦〉，將掌紋的

命運跟肝苦相連的是「看不出來」。

最強烈的字眼，突顯重要性、急迫性。例如第一、唯一、最好、最高等等。比方電影〈最黑暗的時刻〉、〈第一次接觸〉。書籍《最低的水果摘完之後》、《最後生產力的一年》、《最後十四堂星期二的課》、《一人公司》、《大查帳》、《大數據》、《小數據獵人》等。

✏️ 數字

運用數字是比較理性的傳達，讓讀者能夠更具體地了解。例如《第二曲線》、《三的思考途徑》、《80／20個人革命》、《第四消費時代》、《六個問題，竟能說服各種人》、《第五項修練》、《行銷3.0》、《行銷4.0》

標題四定位：四種標題類型

掌握標題力的４Ｕ原則與六個技巧，就可以製造閱讀摩擦力。不過，即使掌握了這些標題技巧，還是容易忽略整體定位。

這時，運用「標題四定位」，先幫助寫作者做好標題定位，再運用４Ｕ原則與六技

巧，以及模仿轉換的方式，提升自己的標題力。

寫作者要先思考，你是想傳達具體好處，讓人一看就懂，還是要用強烈字眼提醒讀者正視現有問題？前者是蘿蔔式的正面思考，鼓勵與支持；後者則是負面表述，挑戰讀者認知，再用棍子刺激與督促，兩者效果很不同。接著再思考要如何呈現，是運用提問法，還是簡單傳達？要製造好奇感，還是一目瞭然？最後，便能夠決定標題類型是要採取「觀點式標題」、「提問式標題」、「警告式標題」，或者是「懸疑式標題」。

表13-1，四種標題定位

明白

警告式　　　　　　　觀點式

壞處　　←　標題力 4 類型　→　好處

懸疑/反常式　　　　　提問式
（驚悚、避免）　　　（如何、為何）

好奇

觀點式標題

「觀點式標題」的特色，在於明確說出好處，或是清楚的立場與重點（也就是4U原則的Useful〔實際益處〕），讓人一目瞭然，不拐彎抹角、拖泥帶水。例如「剪單人生」就運用直白與連結兩種技巧，一語雙關傳達了作者的觀點。

提問式標題

「提問式標題」的特色，在於運用提問技巧，讓讀者好奇讀完可以得到什麼效益。你可以將觀點式標題轉個彎，加上問號，就增加好奇效果。有時是因為文章本身太平鋪直敘，透過一個有趣的提問，反而會點燃讀者想一探究竟的好奇心。

例如《為什麼泡麵總是彎的？》，多了為什麼，就讓原本理所當然的事情，增加好奇與有趣感。或是《為什麼印度人天天吃咖哩？》，這本書談印度各種文化之謎，但是文化太抽象，咖哩反而具象熟悉，從這個小問題出發，反而簡單有趣。

警告式標題

相對於前兩種正面表述的標題，警告式標題則強調讓人緊張的反面與壞處。

「警告式標題」會運用對比，來突顯「不……就會如何」，有一種立刻改變的緊迫感。比方《你所謂的穩定，不過是在浪費生命》、《別在該動腦子的時候動感情》、《脫貧比脫單更重要》。

或是打破一般的認知，用反向思考來吸引讀者。加上一個反面字「不」，馬上就產生不同效果，像《文藝復興並不美》，就會打臉文藝復興的美好印象，《有錢人想的和你不一樣》也會讓人好奇哪裡不一樣。

懸疑式標題

「懸疑式標題」，則是透過提問，將警告式標題變成讓人好奇、有內幕，甚至帶點暗黑的懸疑感。

《Cheers》雜誌曾針對流行話題「斜槓青年」，運用懸疑式標題的手法，下了「斜槓人生，真的適合你嗎？」的封面標題，將斜槓的正面意義，加上一個猜疑不安的標題。

另外則是「懸疑對比法」。天下雜誌網站的標題〈為何一家嘉義小醫院，讓最多台灣人在這裡選擇怎麼死？〉，結合極端、提問與負面暗黑「死亡」與醫院的對比，這個標題非常吸引人，讓人關心原因。《為什麼最便宜的機票不要買？…經濟學家教你降低生活中每件事的風險，做出最好的選擇》、《為什麼GDP成長，我們卻無感？…GDP沒有告訴你的事，拚的是數字成長，還是人民的幸福》、《你家冰箱住的是天使還是惡魔？》、「獲利創新高。為什麼股價頻破底？」也屬於這種讓讀者嚇一跳的對比手法。

這個時代，寫作真的是一個人的事。寫作需要靠九九％的努力，但是一％的標題才會讓你被看見。

184

如何運用標題力六技巧

這六個技巧，也能彼此混搭，創造更強的標題力。《遠見雜誌》有個標題「為什麼老是小人物要負大責任？」就運用對比與提問兩種技巧，強調默默工作的小人物沒人關注，但是出了事，常常是小人物倒楣扛責任。《為什麼有盈餘，還是會倒閉？》也用了提問與對比，讓讀者感受到矛盾的疑問，反而會更好奇。

你也可以運用模仿與轉換，來創造自己的標題。模仿與追隨是仿造現有流行的名詞，再加以轉化，變成自己的標題。這也是一種運用熟悉感、讓讀者一看就知道大概意思的技巧，不需要再多做解釋。

好比觀察書籍排行榜，就可以快速了解時下流行的標題趨勢。比方哈佛就是一個流行名詞，代表公信力與保證：

直白：《哈佛商學院教我的成功關鍵：世界頂尖商學院的學習經驗》、《姿勢決定你是誰，哈佛心理學家教你用身體語言把自卑變自信》

提問：《為什麼我們的決定常出錯？哈佛教授的 9 堂心理課》、《麥肯錫問題分析與解決技巧：為什麼他們問完問題，答案就跟著出現了？》

對比：《球學：哈佛跑鋒何凱成翻轉教育》、《輕輕鬆鬆上哈佛》

連結：《姿勢決定你是誰，哈佛心理學家教你用身體語言把自卑變自信》

麥肯錫或是日本東大，也是流行的標題關鍵字：

數字：《情緒靈敏力，哈佛心理學家教你4步驟與情緒脫鉤》

極端：《更快樂：哈佛最受歡迎的一堂課》、《記得你是誰：哈佛的最後一堂課》

數字：《麥肯錫精準提問術，1秒思考，突破盲點，直搗問題核心！》

極端：《東大最強驚奇讀書法》

連結：《終結低等勤奮，麥肯錫菁英教你有用的努力》

對比：《狡猾的讀書法：改變學習順序，我從大學落榜生變王牌律師》

提問：《為什麼聰明人都用方格筆記本？：康乃爾大學、麥肯錫顧問的祕密武器》

直白：《挑戰不可能！麥肯錫都在用的「絕對做得到」思考法》

流行好一陣子的《被討厭的勇氣》，創造了「被」與「勇氣」這兩個名詞的流行。如果模仿這兩個名詞，加上不同的名詞、動詞，也可以創造自己的標題。例如《被批評的勇氣》、《被討厭的商機》、《被壟斷的心智》、《被遺忘的天才》、《被賞識的技術》、《被黑潮撞響的島嶼》。

另外是勇氣系列。《不教養的勇氣》、《變老的勇氣》、《管教的勇氣》、《空巢的勇氣》、《零下四度的勇氣》、《做自己的勇氣》、《行動的勇氣》、《需要的不是運

氣，而是勇氣》。

《情緒勒索》也是熱銷的書籍，這個書名也成為許多標題仿效的句子。一個是運用對比法，多了一個「不」，就產生新的效果，像《不被情緒勒索的51個方法》，就是負負得正，成為正面方法。

或是在情緒勒索的前後，增加新的動詞與名詞，也能創造新標題。例如《面對家人的情緒勒索》、《別用情緒勒索教養你的孩子》、《隔絕情緒勒索，給自己好溫暖的心情整理術》。另外是運用「情緒」，增加新動詞：《情緒寄生》、《情緒陰影》。

回顧與練習

這堂課教如何培養標題力，從4U原則到六技巧，以及四個標題定位。

練習1　定位標題：請運用標題四定位，練習寫出四種不同的標題。

練習2　運用六技巧：請從四種標題中，嘗試運用六技巧，或是混搭其中兩種元素，創造你的標題力。

第 14 課

開場力

不是亮刀子，
就是拋鉤子

你是否想過，讀者會不會記住你文章的第一句話？而第一句話要怎麼寫，才能吸引讀者？

好文章的開場需要精心布局，「一個漂亮的開頭，是成功的一半。」推理小說家卜洛克在《卜洛克的小說學堂》就說明開場白的重要性，「要吸引讀者的注意力，帶他進到故事裡面，預留情節舒展的空間，既要有用又要有趣，讓讀者欲罷不能。」

《阿甘正傳》一開始的畫面，出現一片羽毛伴著主題曲隨風飄盪，最後落在阿甘腳下。他撿起羽毛，放進箱子裡，裡面有桌球拍、鴨舌帽與記事本，暗示後來的經歷。阿甘送給鄰座等車乘客一顆巧克力，並說：「我媽媽常說，人生就像巧克力，你永遠不知道下一顆是什麼。」這句話是電影的主題，也是雋永名句。

寫作如同電影，也需要好開場。當讀者推開標題大門，迎面而來的第一段內容，就是一顆讓人好奇與期待的巧克力。

開場在於如何破題，不是開門見山亮刀子，就是充滿懸疑拋鉤子。《卜洛克的小說學堂》強調開場的三個功能，包括：讓故事動起來、設定文章調性與提出關鍵問題。我延伸詮釋為 ❶ 讓文章持續前進，不原地打轉；❷ 建立文章風格，展現寫作特色；❸ 讓讀者快速知道文章要嘗試解決什麼重要問題。

我的觀察是，許多不吸引人的文章開場，就是破不了題。為什麼破不了？原因在於文章塞滿太多資訊、過度鋪陳，以及沒有明確指出要解決的問題，導致讀者看不到重點，也無法立刻引起關心。

從文學作品找開場彩蛋

我從拆解好文章的逆向練習中，找到兩種培養開場力的方法。首先是模仿文學名作，轉化成自己的句子；其次是在採訪或觀察過程中，找到自己最有感覺的場景，或是他們說過的精彩名言，都能變成開場的內容。

偉大的文學作品，開場都值得細讀與學習。我從經典文學找到靈感，文章第一段就秀出彩蛋，不論是應用在理性的財經分析、感性的鄉鎮旅行，或是流行時尚的文章，都能建立自己的寫作開場力。

先以財經報導為例：

大文豪狄更斯《雙城記》的開場氣勢磅礡，又有強烈對比，最常被各種文章引用：

「那是最美好的時代，也是最惡劣的時代；是智慧的時代，也是愚蠢的時代；是信仰的時代，也是懷疑的時代；是光明的季節，也是黑暗的季節；是充滿希望的春天，也是使人絕望的冬天……」

我曾在自己主編的《一千大企業特刊》主文，開場就用對比手法，拉高文章格局，寫出讀者關注的問題：「這是同業相互競爭、異業彼此掠奪的時代，是消費者導向的時代，也是令人找不到方向的時代。需求不見了，市場消失了，方向模糊了……利潤在哪裡？贏家在哪裡？」

相對於狄更斯的格局，托爾斯泰在《安娜·卡列尼娜》的開場，卻用一個更簡單的對

比，輕巧寫出讓世人誦讀的名句，也是本書主旨：「幸福的家庭家家相似，不幸的家庭各各不同。」

這種直接寫出結論、傳達文章主旨的開場筆法，代表作者的自信與企圖心。我將這個技巧應用在台塑企業的報導中：「時間是企業的大敵。美國的百年企業存活率只有一成，時間卻是成立四十七年的台塑最好的朋友。」

運用在感性的鄉鎮旅行報導，文學作品的開場更能發揮。馬奎斯的《百年孤寂》，故事開頭就讓廣大讀者著迷：「許多年後，當邦迪亞上校面對行刑槍隊時，他便會想起他父親帶他去找冰塊的那個遙遠的下午。」

這個倒敘方式很特別，讓人想了解那個尋冰的午後。這種手法引發我的靈感，在我主編的《旅行台灣的25個驚喜》、撰寫新竹縣《重溫百年蜜香夢》時，開場就揣摩一八五年抗日英雄姜紹祖的心情，也帶出新竹的風土：「許多年後，當二十歲的姜紹祖面對重重日軍包圍，沮喪絕望的他，仰望藍天，一股涼風吹過，彷彿是故鄉久違的九降風，便會想起小時候跟母親在茶園穿梭的歡樂，他突然想喝茶，一杯充滿蜜香滋味的茶。」

除了大格局、簡潔對比與故事倒敘，懸疑性開場也會創造驚奇感。人類學家李維史陀編的《憂鬱的熱帶》運用否定句來開場，幾句個人情緒的糾結，就製造出懸疑感：「我討厭旅行，我恨探險家。然而，現在我預備要講述我自己的探險經驗。」

我也學習採用這種方式來顛覆認知。這是《旅行台灣的25個驚喜》關於馬祖的開場：

「『馬祖除了海，什麼都沒有，』莒光鄉船老大民宿老闆鄭智新說。其實，只要有海，馬

祖什麼都有。」

或是丟出疑問，製造懸疑感。這是關於雲林的開場：「這是個美麗的錯誤。雲林沒有雲霧森林之美，真正的雲林更不在雲林，怎麼回事？」

另外，我還學會只用一句話的強力破題。辻仁成《冷靜與熱情之間》有著簡潔有力的開頭：「這個城市隨時都陽光燦爛。」我多次援用這種寫法，例如寫嘉義市：「這個城市的陽光永遠溫柔燦爛。」《走自己的路，做有故事的人》第一章開場：「那是一個陽光燦爛的午後。」

白先勇在《台北人》這本短篇小說集，第一篇〈永遠的尹雪豔〉的開場，也是經典：「尹雪豔總也不老。」啟發我大膽運用短句開場。例如我在《GQ》撰寫知名時尚大師Tom Ford的報導，述說他離開Gucci之後、創造個人品牌的經營策略，只用短句開場：

「久違了，Tom Ford！」

讓自己難忘的話語，也能讓讀者難忘

第二個培養開場力的方法，就是回憶讓自己印象最深刻的畫面、場景、他人說的話，變成文章的開頭。讓自己難忘的畫面或話語，一定也能讓讀者難忘。「重點是讓讀者融入，讓他關心接下來會發生什麼事。」卜洛克在《小說的八百萬種寫法》談開場的目的。

我採訪過蔡康永，因為他時間有限，只能約在錄影休息的空檔受訪與拍照，為了爭取

時間，我們利用拍照空檔訪問。我先在攝影棚現場等候，後來在文章開頭寫著：「下午四點半，『康熙來了』攝影棚。結束訪問之後，主持人蔡康永一句招呼也不打，轉身走出攝影棚，逕自回到休息室看書。五點半，在攝影師的拍照空檔，他總是用右手指抵著頭若有所思、面對記者的眼神與語氣更帶有一種疏離感。等到攝影師準備好，他抬頭注意鏡頭的剎那，炯炯眼神帶有輕柔的嫵媚。」

我在《GQ》採訪壹傳媒董事長黎智英，也寫出讓我印象深刻的場景，先用一段話破題，再用場景切入重點。

「一向天不怕地不怕、霸氣十足的黎智英，也有脆弱溫柔的一面。」

那個場景宛如發生在電視節目《真情指數》中。在內湖壹傳媒總部小小的主席辦公室，黎智英回首二十多年前第一段挫敗婚姻的前塵往事，不是心痛妻子拋棄他，而是心疼孩子太早嘗到父母離異的痛苦。『因為小孩子沒有……（聲音哽咽，眼眶泛紅）沒有母親的小孩是很慘的，』身型壯碩、聲音宏亮、圓頭大臉的他幾度哽咽，頻頻喝水平復激動的心情，但是眼眶已盈滿淚水。」

用特殊觀察場景當開場，有兩個目的。首先是傳達主角不為人知的那一面，其次是寫出你獨特的觀察角度。蔡康永的開場，我想呈現他疏離、自在與聰明的那一面；黎智英的開場，先破題對比他的霸氣與脆弱，再用場景與對話表達他內心的特質。

平常要多累積五感的體驗，才會有傳神的開場力，揣摩現場感，會讓讀者感同身受。

開場吸引力五「Ｓ」元素

我主編《旅行台灣的25個驚喜》時，要寫全台二十五個縣市的旅行特色，我要求自己每個縣市的開場都要不同。後來在撰寫《風土餐桌小旅行》、寫全台十二個小地方的風土飲食，每個開場也都不一樣。一直到寫《機會效應》時，有十七個故事、從前言到結語有九個章節，也得寫出不同的開場。

根據我長期鑽研開場力累積的經驗，歸納出開場力的五個Ｓ元素。包括驚奇（surprise）、懸疑（suspense）、直白（straight）、糾結（struggle）與情境（situation）。

厲害的開場白，首先得具備驚奇或懸疑的元素。驚奇是為了加深印象，懸疑則是產生好奇，才會讓人想繼續往下讀。直白則是開門見山說出獨特的論點，清楚說明這篇文章的結論。糾結要點出讓人困擾、關心的關鍵問題，直接打中要害。最後的情境，在於用一個小故事，跟讀者建立連結與共鳴，用來鋪陳後面的論述。

厲害的說故事高手、尤其是推理小說家，甚至是管理、行銷的寫作高手，最擅長用故事情境開場，簡單描繪人事時地物與場景，扣緊主題，傳達最重要的特點即可。

比方馬奎斯在《百年孤寂》的經典開場，用意是追溯主角從小到大的變化歷程，以及這個百年家族魔幻寫實的滄桑歷史。另外值得參考的是海明威在《老人與海》的開場：

「他是一個老頭子，一個人划著一隻小船在墨西哥灣大海流打魚，而他已經有八十四天沒

有捕到一條魚了。」一開始先講老人沒有捕到魚的落寞，再來描寫他與魚搏鬥的歷程。

這五個S元素也能相互結合，創造更突出的開場效果。好比用情境開場之後，接著再切入一個令人糾結的問題，或是製造意外驚奇，或產生懸疑，引人關切到底發生了什麼事。又或者像黎智英那篇的開場，先用直白的一段話破題，傳達霸氣與脆弱的矛盾，再用情境傳達他婚姻失敗的創傷，以及對於孩子的不捨與糾結，就用上四個S元素。

寫作者要萃取開場力的五S元素，透過開場的一、兩段文章，精準有力地拋竿、讓讀者上鉤。

表14-1，四種開場力模式

四個「一」，寫出四種開場白

為了有效運用開場力，我將五S元素整理在四個象限，根據文章的開場定位，決定運用哪種開場模式來跟讀者溝通。主要是一個故事的糾結（struggle）、一個情境的連結（situation）、一句／一段話的破題（straight）與一個問號／驚嘆號（surprise與suspense）。

這四個模式，我以《機會效應》幾個開場作為示範案例。

✏️ 模式一：運用故事的「糾結」元素，產生好奇心

第一個模式在於產生好奇吸引力，運用迂迴情境的方式，可以先說一個故事，透過主角遇到的問題與阻礙，產生內心糾結與困擾，建立與讀者的共鳴與連結，希望知道後續會如何發展。

> 多年前的SARS風暴，位在台中德安百貨公司的春水堂人文茶館，受到SARS衝擊後，生意一直沒有太大起色。當時連著好幾個月，一天營收從原本的兩三萬元，跌到每日平均不到一萬元。擔任德安店店長才兩年的江宜樺，一直很苦惱，覺得自己不適任，想提辭呈以示負責，主管安慰她，不要心急，一定會找到改變的方法。

解析 外在環境的衝擊，造成店長的業績大幅滑落，面對這個壓力以示負責。開場只用一段來說明問題原因，以及帶來的個人情緒糾結，讓讀者了解問題脈絡，也能感同身受店長的壓力，關心要如何來解決這個難題。

模式二：運用「情境」幫助讀者快速了解主題

第二個模式只是想透過情境場景，讓讀者快速了解狀況，而非引發好奇。這個模式的開場文字要簡短清楚，只要呈現重要訊息即可。

「我是關關難過關關過的阿娟（娟的閩南語唸《ㄨㄢ》）。」這是我在全家便利超商績優店長教育訓練工作坊，聽到最有趣的自我介紹。戴著眼鏡，看起來像一位老師的岡山店長許瑞娟，告訴我她為什麼總是遇到難關，又能化險為夷。

解析 用一句有趣、讓我印象深刻的話當開場白，也讓讀者知道她的身分是超商店長，經常遇到難關、又能度過難關。讓讀者快速明瞭文章主題，就是她遇到什麼難題，又如何克服難題。跟模式一的差異，在於沒有刻意寫出她的情緒與糾結，而是用有限篇幅帶出主題。

模式三：用「直白」的一句話讓讀者馬上理解

模式三是直白說明主題。透過一句話或一段話，讓讀者清楚理解整篇文章的觀點。

十多年前，在新竹工研院工作、寫程式的孫治華，大概沒想到，今天會成為一位新創募資簡報的專家。

解析 這一段話直接將主角的經歷做了鮮明的對比，從程式工程師變成新創募資專家。讀者立即了解整體脈絡，以及主角定位與特色，再來引導讀者了解他是如何成為知名簡報達人。

模式四：用問題製造「懸疑」，用意外創造「驚奇」

第四個模式是為了製造好奇與懸疑。不花文字描述情境與問題，而是直接丟出問號或驚嘆號，讓讀者好奇、或是引發關心、產生疑問，想尋求解答。

讓我們先回到二〇一二年。問大家幾個問題，二〇一三年會有任何國家退出歐元區嗎？誰會贏得二〇一三年宏都拉斯總統大選？金價會攀升至一千八百五十美元以上嗎？未來八個月內，還會有多少國家出現伊波拉病毒病例？

解析 用問題開場，吸引讀者想知道答案。

另外，我再用《風土餐桌小旅行修訂版》的兩個開場，來說明模式四的開場。

晚上八點，甲仙街上的商家燈火，一個一個睡去，馬路一片漆黑，只有遠方的甲仙大橋醒著，綻放絢麗色彩。八八風災讓南橫公路中斷，原本是南橫要道的甲仙，生意也不若往昔，有人打趣說，即使睡在馬路上，也不會被車撞。這個山中小城看似蕭瑟，沒太多資源，我有些擔心，隔天早上可以吃些什麼，只有吐司三明治嗎？甲仙朋友要我別擔心，附近有條早餐街，小地方還有早餐街？我半信半疑。

解析 先說明甲仙這個偏鄉的脈絡，並用早餐街這個讓作者好奇與疑惑的地方當開場，製造一種懸疑感。

一大清早，我在台中的南屯老街被搶了。被搶走的是一個飯糰。

解析 運用一個意外事件，沒想到被搶的只是一個飯糰，來快速帶出驚訝感：這個飯糰很厲害嗎？怎麼會被搶呢？

有沒有注意到，許多開場力都有畫面感，如何將你腦中的畫面，移植到讀者腦中，藉由畫面情境讓他們好奇、關心與理解，進而繼續看下去，是開場力扮演的角色。

然而，作者必須消化整體內容，再來好好思索開場要如何寫。「開場並不是一切，」《卜洛克的小說學堂》提醒，「隨後荒腔走板，讀者還是很快就會失去耐心，離你而去。」

回顧與練習

這堂課教如何培養開場力，從五S原則到四個開場模式。

練習1

運用四種開場模式：將自己文章的開場，寫出四種不同的開場，並比較哪個模式最適合這篇文章。

練習2

改寫自己的開場白：你讀過的書裡，印象最深的開場是什麼內容、屬於哪個模式、運用了五S哪種技巧？請嘗試模仿、轉換與改寫成自己的開場白。

第 15 課

結論力

讓健忘的讀者
留下好印象

二十多年前我剛退伍要求求職，沒考上最嚮往的《天下雜誌》。一年後再次來這家雜誌社面試，那次有三個人參加，除了我、一位財經雜誌記者，還有一位是留美回國的新人。

面試是發行人與總編輯，前幾題都跟新聞專業有關，最後一個問題是「你最大的挫折是什麼」？這個問題突如其來，讓我想起兩年前的往事。

當時我在屏東服預官役，曾北上找尋逾未歸的逃兵，後來我順利找到，他卻利用在清水休息站下車休息、我跟他母親通電話之際，轉身拔腿就跑。我一路狂追，眼睜睜看他在交流道攔下計程車逃逸無蹤。我後來被長官與家長責怪，這些打擊讓我對人性失去信心。兩個月後逃兵還是被憲兵抓到，軍法審判入獄服刑一年。

在場的人，幾乎都瞪大眼睛聽完故事。發行人神情關切地問我：「你現在怎麼看待人性？」我想了一下才回答：「我還是對人性有信心，才能繼續往前走。」

最後只有我錄取。我不確定是否跟這個故事有關，當發行人問我問題時，卻激發我講出那一句刻骨銘心的結論。

後來才發現，我當時說了一個打動人心的故事。驚心動魄的開場，不足以打動人，還要加上逆轉的結語、真誠有力的結論；這個結論要能夠提供啟發或打開新視野，才是作者獻給讀者的禮物。

《佛寫作課》在〈寫個好結尾〉中說，「當你寫一封情書，寫一封要求加薪的信，或者寫信向電話公司投訴，最後一句話的語氣和內容都非常關鍵。」

「結尾是你把小說的主旨釘在讀者腦海中，並讓它盤旋數日的最後一次機會。」《哈

文章是為了結論而生

開場白只是吸引讀者繼續閱讀下去的誘餌。讓他好奇、疑惑、關心，一路跟著作者在文字密林中穿梭，但最後終將離開，結束這趟閱讀旅程。

對讀者來說，整篇文章最重要的地方，就是結尾。當讀者走到密林出口，前面寫什麼都不重要，最重要的是，你希望讀者帶走什麼？留下什麼印象？該如何跟讀者說再見，讓他不虛此行。《非虛構寫作指南》強調，選擇最後一句話花費的心思，應該跟選擇開場第一句一樣多。

開場第一句話要吸引人，結語最後一句要讓人回味。甚至可以這麼說，整篇文章、整本書，都是為結論而生，只是沒有經過這趟閱讀之旅，就無法突顯結論的力量。

對讀者來說，結論最後才會讀到；但對作者來說，結論在寫作前就得先想好。資深財經記者沼田憲男在《寫出有溫度的文章》強調，要先有深度思考，而且要透徹到想出結論才行。他認為，如果沒有導出論點，就等於沒有思想。他引述渡邊修的至理名言：「不做出結論跟沒去想其是一樣的。」

我過去逆向練習寫作時，不只拆解開場白，也會研究結論句。我發現很多文章虎頭蛇尾，主要是拖泥帶水，或是草草結束。前者不知如何收尾，一直堆砌結論，重複繞圈圈；後者是文章似乎還沒講完，沒有明確具體的結論。

解決拖泥帶水與草草結束的結論問題，就是趕快用一段話、一個句子來總括整篇文章

重點。「最後以一個貼切或令人意想不到的句子結束，讓我們措手不及。」《非虛構寫作指南》認為，「驚喜是最令人耳目一新的元素，如果有什麼事情讓你感到驚喜，那個也一定會讓你的讀者感到驚喜或喜悅——尤其在你的故事即將結束，就要跟他們告別之際。」

四種結論，強力甩尾

如何運用驚喜元素，在高潮之際戛然停止、完美謝幕？我根據自己的經驗，整理出四種結論模式。

結論模式有兩種角度，一是表達主觀的個人意見，二是引用

表15-1，四種結論模式

客觀的他人看法。

主觀的個人意見，可再分為理性與感性兩種模式。

引用他人看法，在於傳達客觀立場、而非只是自己的主觀想法，用以強化文章的說服力或拉高格局，也可分為理性與感性兩種模式。

模式一：一句話有力的總結

一句話、或是一段短句來創造驚奇。

一句有力的結語，需要前面一兩段的鋪陳，或是用一段歸納文章重點，才能在最後用

範例一：

搭乘這班成功號雲霄飛車奔赴未來之路時，必定有許多轉彎，你要緊閉雙眼對偶然一路衝到底，還是睜大眼睛、放開雙手，享受刺激的樂趣，一路發現隱藏版的美麗事物？

喔，請繫好安全帶，本書提到六種創造機會效應的能力，就是你的安全帶（《機會效應》）

解析　先用雲霄飛車當比喻，談未來的驚險刺激，最後一段立刻連結雲霄飛車的安全帶，就是書上提出的六個創造機會效應的方法（見以下範例二）。

範例二：

本書主張，逆風才有機會，才能抓到意料之外的寶物，但逆勢而為，要有方法，我歸納出六個方法——刻意製造混亂、誤打誤撞找到意外發現、多元人脈、正面看待絕境、不斷自我顛覆，以及透過適當分心、培養洞察機會的能力。

帶上這本書，祝你一路逆風。（《機會效應》）

解析 先鋪陳逆風才有機會，最後結論就寫出反向思考的「祝你一路逆風」。

範例三：

即使這群長輩在豐饒的池上已定居好幾代，仍沒忘記島嶼南方的老家，他們曾返回恆春舊部落尋根，家鄉還有族人居住，但已不太會說阿美族的語言，反而能講流利的排灣語跟閩南語，因為已被強勢族群同化，找不回自己的母語了。一位躺在床上的年長族人不斷流淚，喃喃訴說殘留的回憶。

突然發覺，眼前繽紛熱鬧的阿美族餐桌，就是一道道池上的山川風土，他們震撼的歌舞，彷彿是當年帶著孤絕毅力的先祖，牽著老父老母，揹著孩子，一路尋尋覓覓，抵達池上之後，內心湧現的歡呼喜悅。

背離了大海，卻遇到永遠的夢土。（《風土餐桌小旅行》）

先寫出從屏東滿州遷徙到台東池上的阿美族的過去，再描寫阿美族的池上風土餐桌，以及承繼自滿州的歌舞，最後再用大海與夢土總結，將恆春半島滿州的海與花東縱谷內陸的池上串連。

模式二：情緒感受的抒發

當結論想傳達作者的心情，要讓人有共鳴，字句就不宜過長，最好是用一句話、一段簡短的字句來收斂，就不會讓情緒泛濫，點到為止反而更有韻味。

範例一：

山居歲月平淡自在，鍾媽媽說，早上澆水種菜，煩的時候就出去吹吹風，日子過得很快樂。

什麼時候，該再去找鍾媽媽一起吹吹風了？（《風土餐桌小旅行》）

解析

鍾媽媽自在地吹吹風，是個傳達山居歲月的伏筆，結尾就應用吹吹風的意涵，埋下作者想去找鍾媽媽的懸念問號。

範例二：

女兒參加桌球校隊的時間並不長，一開始的比賽總被外校對手痛擊，我在現場非常緊張，都是抱抱她，要她記住失敗的原因，勤加練習。女兒總是一早出門練球，放學後繼續練習，教練不苟言笑，嚴格督促，孩子們總是戰戰兢兢。

何時才能旗開得勝呢？實在不確定。在北區少年桌球菁英賽中，女兒竟然連勝兩個同年級的對手（過去常對上高年級），看到她表現沉穩，回擊得分時，她與奮地振臂高喊，比賽結束後，我抱著她激動的流下眼淚。女兒沒哭，反而是老爸哭了。

我永遠記住那一刻。（《走自己的路，做有故事的人》）

解析

前兩段提到女兒比賽的失敗與練習，以及不知何時能獲勝，當終於獲勝的那一刻，情緒從低谷拉到高潮，結語只用一句話來回應倒數第二段的最末句，反而更有張力。

模式三：引述名言，加以詮釋

一般作文最常用名言、俗話說、成語來當結論，如果要不落俗套，引用的句子最好是自己閱讀過、消化吸收的佳句，不要都是太常見的句子。另外，不要只是引用，還要延伸詮釋，呈現個人獨特的看法。

伊索寓言也有個故事，一個人吹噓他在羅陀斯島有極高的跳遠能力，只要找到羅陀斯島的人就能證明，旁人說，「這裡就是羅陀斯，就在這裡跳躍吧！」要求他不要說大話，就在我們面前跳跳看吧。

後來德國哲人黑格爾巧妙改寫為「這裡就有玫瑰花，就在這裡跳舞吧！」每個人既然跳脫不出身處的世界，就要好好把握當下，盡情跳舞。

絕境就是玫瑰花，就在這裡跳舞吧！（《機會效應》）

解析

這篇文章訴求的主題是絕境會刺激創造力，因此引用黑格爾的名言，再將玫瑰花置換成絕境，鼓勵大家在絕境中跳舞，接受絕境考驗。

範例二：

我借用美國小說家富蘭瑞納·歐康納（Flannery O'Connor）的短篇小說《上升的一切必將匯合》（*Everything That Rises Must Converge*）的名稱，象徵未來向上提升的整合力量（雖然這是一篇有點驚悚怪誕的小說）。

想起在開卷頒獎的現場，聽到得獎的出版編輯引用作家王定國在《誰在暗中眨眼睛》的後記：「一無所求的追尋，才發現它含有至高無上的價值。」當時我握著沉甸甸的

開卷獎座，頓感莫名的激動，也領悟到，一無所求的追尋，就是故事最終的價值。

我走過一條林中路，帶回一些故事，勉勵自己，也分享給更多人。現在，我再度走入另一條林中路，展開新的故事旅程，只是，這次有不同團隊參與，不再是我孤單一人。

上升的一切必將匯合，期待我們能找到至高無上的價值。（《走自己的路，做有故事的人》）

解析 這篇引用兩句名言，連結到自己的領悟，結語再將這兩句名言拆解與重組，變成自己的話語，自我勉勵、也鼓勵讀者。

模式四：值得玩味的好句子

除了理性的有力結論，或是感性個人抒發，以及引述名言之外，有時對他人做出評語，可以運用一些文字巧思，讓結論別具特色。

範例一：

這些家常菜，都是美蓮姐從小到大的家常菜，即使離開往昔的河谷地，來到嶄新的房子，小林滋味還是不變。她以前在小林山上種了幾十甲地的竹筍，清晨出門，一直工作到晚上才回家，一天得採收兩千斤的竹筍，搬到五里埔之後，沒有土地，只好租一

甲地，種芭樂、百香果，以及雞角刺。

滿山的筍，沒了，家，沒了，但美蓮還有小小的新家與家人，在這塊小田地上，再一棵一棵，種回自信。（《風土餐桌小旅行》）

解析 這篇描寫甲仙小林村居民的重生。先用一段談美蓮生活的改變，最後一段試圖傳達未來的希望，先寫過去全沒了，再來用種回自信、長出希望，字句刻意短而有力。

範例二：

太多如果，太多可能擦肩而過的機會，在幾次關鍵時刻，他都一一抓住了。

這一連串的點點滴滴，豐富了他的人生，成為畫作的底蘊。

「優席夫這個名字在阿美族語代表什麼意思？」我好奇。

「帶來豐盛的意思，還有反敗為勝的意涵。」現在，他真的成為名副其實的優席夫了。（《機會效應》）

解析 優席夫是國際知名的阿美族藝術家，過去一直跌跌撞撞，最後才找到自己的藝術特色與自信。當時我詢問他名字的意思，知道是反敗為勝的意涵，當下發現這就是最好的結語，再將優席夫這三個字當結語最後一句。在採訪過程中，就

要多動腦想想那句話、那個場景畫面的意涵，可以當意外驚喜的結語。

最強結論力：首尾呼應

最後，還有第五種、最需要精心安排的結論模式，就是首尾相連、開場與結尾相互呼應的結論。我認為這是讓讀者最驚喜、最強而有力的結論模式。《非虛構寫作指南》指出，這種結論是將故事帶回原點，在結語呼應文章一開始敲響的音符，具有一種對稱感，能取悅讀者、產生共鳴，並結束這段作者與讀者一起開始的旅行。

範例一：

開場：

「我是關關難過關關過的阿娟（娟的閩南語唸《ㄢ）。」這是我在全家便利超商績優店長教育訓練工作坊，聽到最有趣的自我介紹。戴著眼鏡，看起來像一位老師的岡山店長許瑞娟，告訴我她為什麼總是遇到難關，又能化險為夷。

結語：

現在阿娟不只度過難關，還開了七家店，對面的競爭者，早就關門大吉了。奮勇逆轉的阿娟，竟成為別人的難關了。（《機會效應》）

解析

開場提到阿娟的難關，結語前一段鋪陳阿娟度過難關，還讓對手關店的現況，結語就用一句話點出阿娟成為別人的難關。難關當開場，也當結語。

我在寫開場白時，就在思考結論是寫她闖關成功，還越開越多家，但要如何讓結語很有趣、又能首尾相連？最後發現「難關」這個關鍵字可以貫穿頭尾。

範例二：

開場：

「各位晚安，我是震宇。」我對現場三百多位聽眾說，「但我不是周震宇，我是洪震宇，周震宇老師因為塞車，要晚五分鐘到。」

聽眾哄堂大笑，我是聲音表達專家周震宇這場演講的主持人，他遲到了，得先上台暖場，介紹講者。我跟聽眾分享兩位震宇如何相識的故事，過程中還模仿他的聲音，逗得大家哈哈大笑，讓現場氣氛變得輕鬆活潑。

幾分鐘後周震宇趕到現場，一上台，渾厚磁性的嗓音傳遍全場，收斂大家的目光。他朗誦〈楓橋夜泊〉的詩句「月落烏啼霜滿天」，讓大家理解聲音與文字的連結，「月亮是高的，霜是飄的，如何用聲音呈現畫面呢？」

結語：

如果那天不是這麼巧合地坐在一起，也不會引發後續這麼多變化。

當我說完這個故事，周震宇就出現在演講現場，這是我們第一次同台演講，狐狸與刺蝟的登場。（《機會效應》）

解析 我以幫周震宇代打暖場的故事當文章開場，並分享兩人相識的小故事。文章主題是討論狐狸與刺蝟，分心探索跟專心守一的差異，並分析如何運用狐狸的好奇探索，開拓職場新機會，同時寫了別的採訪故事當佐證。

最後結語又回到原點。我講兩人的相識故事，以及第一次同台演講，再次強調狐狸與刺蝟的主題。

只要讓讀者記得你的第一句話，以及最後一句話，就等於記住了全部。

回顧與練習

這堂課教如何寫好結論，一共有四種結論模式。

練習1

初階練習： 請你想一想文章的結論方向，並嘗試選擇其中一種模式，練習寫出自己的結論。

練習2

進階練習： 寫出頭尾相連的結論模式。可先改寫開場，再想辦法將結論扣連到開場。

第三部

精準寫作
的應用

第 16 課

慢思考，
構思你的
寫作設計圖

《精準寫作》這本書想傳達的是「寫作力就是思考力」。寫作的關鍵不是匆忙的寫，而是先思考再寫作。這是一種慢思考的練習，卻能幫助寫作更快、更有品質。

寫作構思過程很像半導體產業最上游的IC設計公司。IC設計公司需要先將使用者需求定義清楚，才能依照設計軟體的邏輯格式來設計晶片相關功能，交給中游的台積電代工製造晶片，再到下游的封裝與測試，最後才能裝置在產品內部，發揮晶片威力。

好的寫作架構跟IC設計一樣，需要透過寫作設計圖來賦予文章意義與力量。為了讓大家有寫作鷹架的思考指引，我提出一個有著明確格式的「寫作設計圖」（參考下頁表i），幫助梳理龐雜思緒，聚焦重點、提煉文章亮點，藉此一步步提升寫作能力。

這個寫作設計圖，囊括第二部提到的主題力、觀點力、開場力、結構力、重點力、情節力、標題力與結論力。從「你想寫（說）什麼」，一直到「你要如何寫（說）」，都能透過它來構思，最後再寫出一篇有脈絡、有邏輯的好文章。

這兩年，我都會請寫作課的學員使用寫作設計圖。課前大家先進行統整思考，在課堂上依序說明自己的寫作架構，我再針對不清楚的內容，提問引導釐清思考盲點。例如：主題跟內容重點不符，觀點與結論有差異，或是有了文章重點，但是內容情節不清楚。

藉由課堂上的討論過程，以及觀摩彼此寫作設計圖的優缺點，學員了解到如何思考與應用寫作設計圖。課後大家重新修改自己的設計圖，再依照新版本進行寫作。學生都認為，有了這個設計圖，寫作的思緒更清楚，下筆時也有清楚指引，能寫出真正想表達的主題與內容。

寫作主題	
文章標題	
背景脈絡	
討論或解決 什麼問題	
主要觀點	
重點1	
主要情節	
重點2	
主要情節	
重點3	
主要情節	
結論	

表i：寫作設計圖

寫作設計圖的使用方式

接下來，我先為大家說明寫作設計圖的重點與應用方式。

1. **確認寫作主題**。這是要聚焦主題範圍，找出主題定位。可以參考第三課與第四課的「主題力」，從發想到定位的過程中，找出你想撰寫的主題。

2. **發想文章標題**。文章的標題可以等完成寫作設計圖、甚至全文寫成後再決定。建議從第十三課的「標題力」四種類型來發想，可以只想其中一種類型，也能嘗試寫出四種類型的標題，最後站在讀者角度來評估用哪種標題。

3. **找出有力的起頭**。第十四課「開場力」談到，開場必須有兩個核心，才能讓讀者關心、產生連結與好奇。首先是文章的背景脈絡，第二是在這個脈絡下發生什麼問題與挑戰，可能是讀者忽略的問題，或是讀者關切的痛點與難題。由於讀者耐心有限，文章開場的前兩三段，就得快速闡述脈絡與點出問題。讀者對文章的關注點都是「然後呢」？他們想知道作者提出什麼讓人關心的問題，以及觀點與訴求，也就是你要寫（說）什麼？有什麼不同的看法與見解。

4. **找出你的獨特見解**。請參考第十一課的觀點座標，定位你文章的方向，再來是練習第十二課所學，用一、兩句話說明你的觀點，作為貫穿整篇文章的軸心。觀點就是穿針引線的那根針，才能編織整體文章。

5. **擬定文章骨架。**你的觀點需要一個清楚的結構來陳述，因此要思考有幾個重點來支持你的主張、觀點與訴求。觀點與訴求。第八課「結構力」（二）談到的金字塔寫作法，最頂端就是觀點，再來是三個重點，因此，請你歸納出三個重點（最多不超過五個），各用一句話來說明。

有了文章骨架之後，需要明確的情節、細節內容，讓文章血肉更鮮活，具有說服力與感受力。請參考第九、十課「情節力」，在每個重點之下，仔細想想有哪些具體例子、動人的情節，凸顯重點的內涵。建議可以寫出一到三個情節重點，提醒你在寫作時要放入的重要內容。

6. **作出結論。**有了與重點相呼應的情節，最後就是文章的結論。參考第十五課的「結論力」四種結論模式，請仔細想想，你的結論要說什麼？可以將寫作設計圖中的「主要觀點」換句話說，來呼應你文章的訴求，讓讀者印象深刻。

透過寫作前的構思與佈局，反覆調整，確認文章的觀點、架構、重點與情節，幫助你在寫作時思緒更流暢，再按圖施工完成文章。持續練習使用寫作設計圖，你一定能提升寫作能力。

第十六與第十七課，是本書增訂版新增的內容。我會舉例幾位學員的文章，實際分析如何使用寫作設計圖，他們寫作的主題分別是：練習訪談他人、寫成一篇採訪寫作；以及萃取閱讀的內容重點，用自己的觀點來分享說書。

第 17 課

人物採訪篇

觀察與提問，
深入瞭解
再統整素材

我做了十二年的記者（包括五年的副總編輯），離開媒體前後，一直不確定自己除了採訪寫作之外，還能有其他專長嗎？未來的人生還能創造什麼變化？

離開媒體之後的這十多年來，我同時從事各種跨領域工作，刻意學習與累積解決問題的經驗與能力。包括輔導顧問、旅行設計、演講與教學等工作，才深深體認記者的採訪寫作能力，讓我的實務經驗與學習曲線如同滾雪球般快速且深入地累積。

比方，當我需要深入了解各個企業、各個鄉鎮社區的問題與需求，提問與觀察，就能幫我找到潛在的真正問題，進一步提出更好的解決方案。而長期訓練的寫作技巧，則讓我思考更縝密，溝通時兼及行銷策略與影響力。

因此，我在設計企業培訓的課程內容，與各種主題課程（包括故事力、提問力、精準表達力，以及寫作課）的公開班時，都會讓學員練習採訪寫作。我要學員練習採訪寫作，目的不是要他們成為記者，而是希望大家在觀察、提問、傾聽與整理重點的練習中，像記者那樣思考，跳脫同溫層以及知識詛咒的影響。

累積大量教學與顧問工作經驗之後，我整理自己的提問方法與教學案例，寫了《精準提問》一書，可以跟《精準寫作》互相搭配閱讀，提升大家的思考力與溝通力。

像記者那樣思考

要提高提問力、思考力，甚至是表達力，其中一個好方法在於，將自己的立場切換成

記者角色。記者的工作重點，就是把事情的來龍去脈弄清楚；要能勇敢提問，更要組織散落的資訊，賦予意義，同時找出切入角度與觀點，用他人理解的文字、簡單明瞭的說明清楚。

學習像記者那樣思考，就是放下自己的主觀視角，重新去了解他人，透過觀察與提問，更深入瞭解事物全貌。

許多工作者需要瞭解顧客需求，才能找出創新提案或改善之道。練習採訪寫作，就是一個有效益的好方法。如果能將顧客的故事、需求與問題寫成一篇文章，等於好好地提出了顧客需求分析與報告。

採訪寫作個案篇

以下舉出寫作課上的兩位學員作業為個案，幫助讀者理解與應用寫作設計圖。我會具體分析，學員原本的寫作設計圖1.0版，與經過我建議修正後的2.0版，以及根據寫作設計圖寫出的內容，藉此了解如何透過寫作設計圖來思考，一直到最後寫成文章的歷程。這個過程也呈現本書第二部提到的主題力、金字塔結構（觀點力、重點力與情節力）、開場力、結論力、與標題力，以及魚骨寫作法的應用。

安親班主任的逆境轉型

第一個寫作個案，是學員莊慧玲採訪自己孩子的安親班主任張主任。她很好奇，在眾多安親班競爭下，張主任如何找到自己的定位，面對疫情挑戰時，還能逆勢成長？因此，她的採訪主題就是疫情挑戰下，學生不能實體上課，張主任如何突破困難，讓安親班能順利運作與經營？

讓我們先來檢視慧玲在採訪後、交出的寫作設計圖 1.0 版（參考表 16-1）。這個版本她訂定的主題是：「少子化浪潮下的逆成長辦學之道」，但是，文章實際討論的，並不是少子化的挑戰，而是疫情的衝擊，學生不能進安親班，同業則是節省成本，甚至想頂讓退出。這位安親班主任該怎麼辦？

提問與修改建議

❶ 這個寫作主題跟班主任實際遇到的問題不相符，應該聚焦於疫情下的挑戰，才會讓讀者感同身受與關心。

❷ 文章標題很空泛。「務實與創新」很像是企業經營議題，看不出來跟安親班有關，需要讓人一眼就懂、進而好奇與關心。

❸ 背景脈絡交代這家安親班一開始從八位學生到目前有一百五十人，但是沒有說明疫情前有多少人？疫情後成長多少？我建議慧玲要釐清數字，才能證明這家安親

寫作主題	少子化浪潮，學生數逆成長的辦學之道❶
文章標題	疫情加速淘汰，務實與創新才能存活❷
背景脈絡	成立八年的小型安親班。北市學生數最多的石牌國小附近補習班競爭，他一直努力開拓自己的學生來源，口碑佳且深受家長信賴。因此，學生數從最初八人到現在一百五十人。❸
討論或解決什麼問題	出生率近兩年創新低，預估六年後將受衝擊。他重視教育，想長久經營。 疫情三級警戒，學生不能入班，國小安親班傳統採實體授課的方式，遭遇前所未見的難題。 當時同業都很消極，不肯花錢買快篩試劑，減老師薪水，做頂讓打算。
主要觀點	他沒有放棄，冷靜思考下一步。他如何轉變與創新，找造獨特的經營之路? 因此，本文觀點:「疫情加速淘汰，務實與創新才能存活。」❹
重點1	**用心與家長溝通，不預設立場**
主要情節	家長生得少期望高，學校教師教不好仍可任教。 1.了解家長的期待與需求，給建議+多次溝通。 2.學校-家長-安親班三方合作，低姿態，多請教。 3.觀察小朋友，了解背後的原因與障礙。
重點2	**自編教材，確實教學講解，有效幫助學生學習**
主要情節	1.傳統塞很多，現今教材要簡化:有重點，補充課本沒有的，想口訣助記憶。 2.過去大量寫評量（兩百題，難與簡單各佔一半）。經過不斷研發，終於找到難易的黃金比例（20%適中，80%挑戰題），給學生適度挑戰。 3.早晨互動多，但是規模變大，教學要調整。 　有進度有流程:寫功課→寫評量→教學，務實上課很重要，像擦化妝品，多道程序好吸收。
重點3	**強化管理，隨時與安親班老師檢討與調整**
主要情節	1.主任會進班，也會親自教學生。提醒老師班級控管與情緒音量。給學生明確指令。 2.緊盯成效，先做再修正。有的老師會計畫但執行有落差，如果評估教學能力不足，則不續聘，保持師資與教學品質。 3.常去嘗試新做法。不能鬆懈。有進步空間才有動力。❺
結論	張老師做事有原則，卻能誠懇待人。他謹記恩師的話「好好把一件事做好」，永保教學的熱忱。 洞察市場變化，不斷思考下一步。用心與家長及員工溝通，認真教會學生，按部就班的努力精進。❻

表16-1:莊慧玲的寫作設計圖1.0版

班真的有逆勢創新與成長。

❹ 至於疫情對安親班帶來的挑戰，慧玲的觀點很清楚：「疫情加速淘汰，務實與創新才能存活」。因此，這篇文章要傳達與論述的角度，就是班主任如何逆勢創新，找到生存之道，接下來的三個重點，就必須能夠支持這個觀點，呈現具體創新作法，才有說服力。

❺ 三個重點看似完整，卻跟疫情挑戰無關。雖然都是班主任的努力與創新，建立的好口碑，卻沒有呈現疫情課題，以及相應的創新作為，連帶也造成每個重點下的三個情節內容，都沒有扣緊主題。

❻ 由於文章離題了，最後的結論也跟觀點無關。一旦文章離題，即使寫得再好，讀者也不會關心，因為「文不對題」。

慧玲報告完這個寫作設計圖，我建議她重新聚焦，要扣緊疫情帶來的挑戰，才能切合主題，引發讀者關心。我建議她，如果要讓更多讀者對這篇文字感興趣，需要將安親班克服挑戰的過程，提出可借鏡之處，否則容易只有安親班業者、或是家長會有興趣。

因此，我建議從「讓讀者有學習與收穫」的角度切入。例如學到三堂課、或是三種創新能力……等等，並搭配可以佐證的情節例子，以及最後獲得的啟發當結論。這些調整，都需要慧玲從訪談記錄中再思考、再整理。

從主題到背景脈絡、討論的問題與觀點，這個過程就能檢視文章是否聚焦主題、還是

過於發散。如果我們沒有先透過寫作設計圖的討論，等文章寫完才發現問題，也就白費功夫。

接著，我們來看看修改後的 2.0 版（參考下頁的表 16-2），比較與 1.0 版的差異。

❶ 主題範圍縮小了，把太大的議題少子化，聚焦成疫情的挑戰。

❷ 標題也扣緊安親班與疫情危機的關聯，「如何逆勢突圍」這個標題就容易引人關注。

❸ 背景脈絡也交代清楚，疫情前學生人數達到一百人，但是疫情危機影響招生人數、甚至有可能因為學生無法上課而倒閉，面臨經營危機，張主任因此焦慮不安。疫情下人人自危的情況，讓讀者感同身受、產生共鳴。

❹ 了解張主任經營安親班的脈絡與挑戰之後，再來陳述張主任如何找到改變的方法，在疫情中站穩腳步，甚至讓安親班有創新轉型的機會。作者慧玲就主張「疫情危機也是轉機，務實地找出突破之路，才能存活、帶來更大的創新」。本文就從這個觀點切入，讓文章跟著這個角度走。

❺ 三個重點也就是三堂值得學習的課，講得很清楚。第一是自編符合學生需求的教材，疫情下仍送到學生家裡。第二是仔細與學生家長溝通，透過 Line 群組掌握狀況。第三是如何穩定老師們的軍心，但要求教學品質。

❻ 最後提到學生人數成長的數字，比疫情前還多，同時將結論的溝通對象拉大範

寫作主題	國小安親班如何克服疫情挑戰，持續經營❶
文章標題	面對疫情危機，國小安親班逆勢創新的三堂課❷
背景 脈絡	現在孩子生的少，補教業招生市場也持續萎縮。近年出生率創新低，不久後將衝擊到國小補教業。 張老師創立的小型安親班，過去八年來，透過努力招生與認真教學，好不容易才做出成績與口碑。創業八年，學生人數從八人成長到一百人左右。❸
討論 或解決 什麼問題	三年前原以為事業會持續成長，沒想到陷入補教界的空前危機。 二〇二一年疫情三級警戒時，國小生不能到安親班上課，過去採實體授課的方式，現在完全行不通。 張老師回想，那時壓力大到晚上都失眠，就像是被滅頂般，感到極度無助與茫然。
主要 觀點	他認為不能因為疫情中斷教學，會影響學生後續的學習。因此他冷靜思考下一步，快速調整教學方式，因應新變化。 走過疫情，學生人數反而從一百人增加到一百五十人，他如何轉變與創新，找造獨特的經營之路？ 因此，本文觀點：「疫情危機也是轉機，務實地找出突破之路，才能存活、帶來更大的創新」。❹

重點1	自編教材，幫助學生自主學習
主要情節	為了有效教學，他採用自編教材。 市面上制式的評量題目，無法快速找出學生的困難。現在的學生變更聰明，太容易的反而不易引起興趣。 在疫情最嚴重的三級期間，他先調度資金，印製講義與教材。還挨家挨戶親送講義到學生家，希望學生在家也有紙本可以對照參考。
重點2	用心與家長溝通，站在孩子立場解決問題
主要情節	身為老闆的他，會輪流進班親自輔導學生，了解每位孩子背後的原因與障礙。 孩子學習有壓力，有時是來自家長的錯誤期待。他會用心和家長溝通建議。 他也曾為了孩子，去和學校老師溝通。他分享「要放低姿態，誠心向對方請教」，才能站在孩子立場，協助問題解決。 疫情期間，他也順應潮流開設家長line群組。方便家長緊急聯繫與即時傳遞訊息。多一個溝通管道，更能掌握彼此狀況。
重點3	堅持教學品質，讓老師安心且專注
主要情節	他跟老師們溝通教學心態與方法，「教學就像擦化妝品，多道程序好吸收。」不熟處要重複多次教學，才能植入學生腦袋，考試時能想快一點。 疫情期間，許多安親班都減薪因應。但是張老師則維持薪資，希望員工不要擔心生計問題。還協助資深老師克服障礙，學習視訊操作。 同時，他會緊盯教學成效，隨時與安親班老師檢討與調整。如果評估幾次後仍不理想，則不續聘，保持教學品質。❺
結論	疫情前學生一百人，疫情後成長到一百五十人。張主任說：「有進步空間才有動力前進」。 這個訪談讓我反思，不論各行各業，面對危機挑戰，需要冷靜思考下一步，務實的創新，才能保持競爭力。❻

表16-2：莊慧玲的寫作設計圖2.0版

圍，提到各行各業也可以參考學習，也能擴大這篇文章影響力。

慧玲再根據調整後的設計圖撰文，成果如下。我們可以注意到，內容都是跟著設計圖的大方向與順序來進行，三個重點、三堂課也變成一目瞭然的小標，讓讀者印象更深刻。

面對疫情危機，國小安親班逆勢創新的三堂課

作者：莊慧玲

現在孩子生得少，補教業招生市場也持續萎縮。根據教育部的調查顯示，小一生平均年減四千三百人，推估七年後全台國小生將跌破百萬人，不只學校受影響，國小安親班亦將受到衝擊。

張主任在北市學生數第一大的國小戰區——石牌，經營一間小型國小安親班。這個一級戰區有許多老字號、大型連鎖品牌圍繞，經營非常不容易。他努力八年，透過積極招生與認真教學，好不容易才做出成績與口碑，學生數從最初八人成長到疫情前約一百人。

原以為事業能穩定成長，沒想到陷入補教界的空前危機。二〇二一年五月疫情三級警戒時，國小生不能到安親班，以往全靠實體授課的方式，瞬間被阻斷。有些家長則

232

認為不到班，安親費得打折，甚至就乾脆不補習了。

張老師回想當時慘況，那陣子壓力大到晚上都失眠，就像被滅頂般，他感到極度的無助與茫然。

可是他對辦教育仍懷有熱忱。他認為不能因為疫情讓教學中斷，否則會影響學生後續的學習。

因此，他沒有選擇放棄，冷靜思考下一步。他在疫情衝擊下的一級戰區中，是如何克服疫情，進行轉變與創新，打造獨特的經營之路？透過訪談，我歸納為三堂對安親班、家長、甚至更多人都有收穫的三堂課。

第一堂課：自編教材幫助學生自主學習

疫情前，他為了有效教學，採用自編教材。內容包括整理各科章節重點，甫以口訣幫助學生記憶，並補充課本沒有的重要內容，延伸學習的廣度。同時，也能根據當屆學生程度與課綱變化而調整。

因此，在疫情最嚴重的三級警戒期間，當其他業者都消極觀望時，他卻逆向先調度資金，準備印製講義與教材，讓學生能在家自學。

令我印象深刻的是，他挨家挨戶親送講義到學生家。每本講義都是彩色印刷、由他精心設計編排，希望學生在家也有紙本可以對照參考。

疫情後他仍持續研發教材，更努力找出題目難度的最適比例。他發現挑戰題要佔八

成，二成則是基本題做緩衝，這個比例能測出學生程度與觀念，也可從難題中多加強學生綜合運用能力。

第二堂課：用心與家長溝通，站在孩子立場解決問題

疫情前，即使身為老闆的他，仍會輪流進班親自輔導學生，了解每位孩子學習狀況與障礙。

他認為，孩子學習有壓力，有時是來自家長的錯誤期待。例如程度比較不好的孩子，他會建議家長，要拉長眼光，讓孩子循序漸進的進步。

疫情期間，他順應潮流開設家長Line群組。方便家長緊急聯繫與即時傳遞訊息。多一個溝通管道，更能掌握彼此狀況。

像我就很感謝張老師一路上分享許多寶貴的建議。例如孩子進小學前，他曾告訴我小五課業最難，相當我們過去的國一程度。所以我設定目標，讓兒子在那之前，有時間慢慢探索自己，找到學習的動機。現在小五的他，能專注面對課業的學習，也學會對自己負責。

234

第三堂課：堅持教學品質，讓老師安心且專注

張主任十分重視旗下老師的教學能力，才能幫助學生理解知識背後重要性與關連性。學生放學到安親班後，通常先寫學校功課、再寫評量，安親班老師會視狀況個別指導或共同解說。

他提醒老師們有效的教學，就像「擦化妝品，多道程序好吸收」，不熟處要重複多次教學，才能植入學生腦袋，考試時能想快一點。

疫情期間，許多安親班都減薪因為「好的老師不好找」，不能因為短暫的疫情與成本考量，就影響老師的生計，留才與育才是關鍵。因此，他不僅維持薪資，希望員工不要擔心生計問題，同時還協助資深老師克服障礙，學習適應視訊教學。

同時，他會緊盯教學成效，隨時與員工檢討與調整。若評估幾次後仍不理想，則不續聘，以保持教學品質。

疫情下，身為家長的我們，由於孩子年紀尚小，雙薪家庭仍需依賴安親班的支援與專業協助。我觀察安親班的家長們，很感謝疫情下張主任的付出，更加深信賴與好感。

雖然度過疫情危機，學生人數也從一百人增加到一百五十人，張主任沒有因此鬆懈。他要求自己「做法領先，但保持老二心態」，持續挑戰新做法，而且做事要保持領先。「有進步空間才有動力前進。」他說。

透過訪談讓我學習到，不論各行各業，面對危機挑戰時，不要慌亂，需要冷靜思考下一步。除了用心與他人溝通，更得按部就班、努力自我調整，務實的創新，才能保持競爭力。

教養院如何改善農業行銷

看完慧玲的寫作設計圖與文章，再來看第二個學員個案，兩者問題不同，也讓大家更了解寫作設計圖的應用。

這篇文章是從事農業行銷的賴如暹，訪談她協助的屏東伯大尼教養院，瞭解李韻珊師母在接手伯大尼教養院之後，如何改變教養院過去的照顧方式，跳脫僵化的管理模式，讓院生可以活得有意義又健康。如遇下筆的作者觀點是「不因環境改變自己的天性，發揮天賦的力量就能朝夢想前進」，具體描述師母「如果……會如何？」的想像藍圖，逐步實踐了農園、動物園與遊樂園這三項夢想，打造讓孩子身心快樂的園地。

寫作主題	育幼院的獨特經營，讓身障憨兒獲得快樂
文章標題	用想像力翻轉憨兒苦難人生
背景 脈絡	伯大尼譯自希臘文，意思是「苦難者的庇護所」。 屏東伯大尼之家在台灣已有五十年歷史，早年收容小兒麻痺患者、孤兒，近年以收容身心障礙者為主。
討論 或解決 什麼問題	二○○三年起，師母李韻珊成為一百五十位院生的媽媽，和牧師一起承擔營運伯大尼的責任。 她回想當年，雖然院區非常遼闊，院生總是從早坐在教室中直到天黑，日復一日，管理過於僵化，無法改善院生的身心狀況。面對這樣的管理模式，李韻珊深感難過。
主要 觀點	生性浪漫自由的李韻珊，沒有讓自己陰鬱太久，她發揮想像力，打造出嶄新的屏東伯大尼。二十年來，她讓院生在園區裡自在成長。 因此，本文觀點：「不因環境改變自己的天性，發揮天賦的力量就能朝夢想前進」。
重點1	如果這裡是一座農園，孩子在這裡耕作身體會更健康
情節 內容	自二○○三年起，師母開始復育園區生態，逐步為憨兒打造一個自然生態豐富、空間寬敞的生活環境。師母運用伯大尼寬闊的土地建立自己的檸檬園、菜圃、香草園與果園。這些無農藥的作物多到可以販售，主婦聯盟形容伯大尼孩子們傻裡傻氣的種植方式，為有機農業貢獻良多。 每日清晨的伯大尼生機勃勃，孩子們吃過早餐就在各個角落照顧作物，展開規律卻自由的一天，他們都很有成就感。
重點2	如果這裡是一座動物園，孩子們照顧生命情緒會更穩定
情節 內容	伯大尼也有養動物。這裡有火雞、蛋雞、鵝、牛，其中的羊群更是院生每日的重要工作。 六年前師母苦惱憨兒常見的氣喘病，引進六隻羊，希望為憨兒供應羊奶改善氣喘。沒想到羊隻越養越多，達到百隻的規模。 即使飼料錢不少，師母依然堅持讓孩子們照顧動物，這個過程讓孩子的情緒漸漸穩定。
重點3	如果這裡是一個遊樂園，讓孩子有各種生活體驗，會活得更快樂
情節 內容	孩子們有很多課程及活動。例如學跳天鵝湖、打擊非洲鼓、去馬場騎馬……等，讓孩子的生活更有樂趣。 李師母也邀請各方人士入園，從憨兒身上體悟單純的快樂。例如邀請百位哈雷騎士入園當一日父親，載孩子們出發兜風。
結論	李韻珊師母今年已近八十歲，二十年來她順應著自己的本性，從「如果這裡是……」的想像出發，讓憨兒健康、快樂地生活在這裡，務實地實現了一個浪漫的夢想。

表16-3：賴如暹的寫作設計圖1.0版

如暹的寫作設計圖1.0版（參考上頁表16-3），整體看起來沒問題，但是讀者看不到太多挑戰，好像這些夢想一次就到位，沒有任何阻礙。這其實是多數的訪談，甚至是大部分文章的通病，就是他人說什麼就記錄什麼，沒有太多疑問，甚至沒有深入追問，找到問題核心。

我常形容這很像一篇不痛不癢的「公關稿」，描述的比較表面，只是滿足正面形象，卻缺乏一些活力，使得文章沒有亮點，也無法回答讀者「為什麼要關心」質疑，而缺乏閱讀動機。

我問如暹：「你怎麼會採訪師母？如果你是農業行銷專家，你去找她，應該是師母在行銷上遇到一些問題，尋求你的幫助才對？因為社會福利組織常常遇到資源不足的難題，可否說說你跟師母相識的脈絡？」

透過這個提問，故事線頭出現了。如暹回答，師母在疫情後遇到募款不易的問題，加上羊隻過多、飼料成本增加，她開始想販售羊排，卻遇到行銷上的瓶頸，才透過朋友介紹，請如暹幫忙診斷問題、找出解方。

我聽到一個文章可能的亮點。除了疫情讓募款不易，我更感興趣的是「羊排」。我追問，「羊排？羊排有什麼問題？你可以幫助什麼？這應該是文章的獨特故事線了。」

「羊太瘦了，因為飼料成本高，師母就讓羊少吃一點，沒想到羊太瘦，廠商採購價格就不高，製成羊排口感太柴，消費者反應不好，廠商採購意願更低了。」如暹解釋。

透過她對羊排經營狀況的診斷與建議，伯大尼教養院開始改善問題，將「瘦羊變肥

238

羊」，進而提升羊排的售價。然而，除了羊隻飼養有問題，教養院果園的水果盛產，銷售價格卻不佳，如暹也幫忙改善商品定位與文案，成功地提升銷售量。

屏東伯大尼遇到的這三挑戰，都是社會福利組織的縮影。主事者要如何提升產品價值、有效對外行銷，找到充裕資源讓社福慈善組織順利運作，都是會吸引讀者關注的重要議題。

如暹幫忙屏東伯大尼解決了好幾項問題，但文章必須聚焦，才不會什麼都提一點，卻不夠深入。我認為「瘦羊」這一項有強烈的對比、很吸引人，建議如暹就以「瘦羊如何變肥羊」為主題，找出獨特觀點，以及提出協助師母改善羊肉品質、有效行銷的三個方法，並加上重要細節，就會是一篇好文章。

讓我們來看看如暹修改後的寫作設計圖 2.0 版本（參考下頁表 16-4）；當主題聚焦在瘦羊如何變肥羊，背景脈絡跟問題挑戰也會扣緊瘦羊的問題，文章的觀點變得更清楚。後續的三個重點，則是提升公益行銷的具體步驟與方法，最末的結論也能符合主題與觀點。

寫作主題	公益也需要行銷，才能讓育幼院身障憨兒快樂生活
文章標題	做公益，要先學會作生意，超強社工媽媽80歲學行銷
背景脈絡	伯大尼譯自希臘文 ，意思是「苦難者的庇護所」。 屏東伯大尼之家在台灣已有五十年歷史，早年收容小兒麻痺患者、孤兒，近年以收容身心障礙者為主。 二〇〇三年起，李韻珊師母和牧師負責經營伯大尼。雖然院區非常遼闊，但院生的管理模式過於僵化，無法改善身心狀況，因此，李師母想要改變現狀。
討論或解決什麼問題	師母透過讓院生照顧羊來穩定情緒，但是羊群越生越多，造成飼料成本增加，她想銷售羊排增加收入、但是羊排口感不佳，銷售也不好。 另外，疫情讓社福捐款更為困難，也造成伯大尼募款遇到瓶頸
主要觀點	因此，李師母找到行銷專家幫忙改善募款問題，也想改善產品品質。 本文觀點：「公益行銷不是賣悲慘的同情心，而是觸動資助者的希望感」。
重點1	檢視經營體質隱藏的問題
主要情節	伯大尼為了減少支出、降低飼料量，導致羊隻太瘦，未達羊販業者的標準，採購價就不高，加上瘦羊肉質偏柴，造成回購率不佳，必須立即調整飼養管理。
重點2	用故事感動消費者
主要情節	孩子們賣的是農產不是悲慘，需要有產品背後的故事，引發消費者共鳴，才能提高收入，實踐理念。
重點3	重塑溝通角度
主要情節	擺脫「請幫幫忙 」的募款訴求，傳達要做出有品質的公益農產品，讓人有希望感，讓企業願意支持贊助。
結論	創造公益產品的故事與價值，讓他人感受真正的幸福不只是幫助伯大尼，憨兒們辛勤的成果也可以讓人感到幸福。

表16-4：賴如暹的寫作設計圖2.0版

接著我們可以比較2.0版與1.0版的差異：2.0版的標題帶入人物角色，比1.0版更容易想像與感受。但我建議，現有的標題還需要再更具體清楚（請參考下兩段的文章，我幫如暹重新修改的標題）。

1.0版談到屏東伯大尼做了很多充滿希望的事情，但讀者卻沒有留下深刻印象，2.0版只聚焦瘦羊的議題，卻反映了許多社福公益團體同樣遇到的難題。如暹透過文章提出具體解決方案，就會讓更多讀者關心，也具有參考價值。我相信，這篇文章也會讓更多人願意支持、幫助屏東伯大尼。

做公益，需要先學會做生意——八十歲阿嬤如何把瘦羊變肥羊，讓憨兒更幸福

作者：賴如暹

屏東伯大尼之家早年收容小兒麻痺患者、孤兒，近年以收容身心障礙者為主。李韻珊師母和牧師一起承擔營運伯大尼的責任，成為一百多位院生的媽媽。

然而身心障礙者體弱多病，過去伯大尼的管理方式只是做好基本生活照顧，為了便於管理，院生從早到晚都坐在教室，無法外出。

然而院區面積非常大，可以利用的空間很多元。因此，李師母希望讓這群身心障礙

的院生擁有健康快樂的生活，決心在經營上要有創新突破。

她的夢想先從養六隻小羊開始。她希望少年院生透過飼養羊隻、照顧生命的過程，達到穩定情緒的效果。

沒想到羊隻繁殖太快，一下子就達到兩百隻的規模。院生忙得很快樂，但效果很有限。卻不斷攀升，師母只能向各大飼料廠的訴求進行勸募，但飼養成本

另外，伯大尼之家都是靠勸募資金維持營運，疫情之後募款卻變得非常困難。因此，師母想透過銷售羊排增加收入，除了支應飼養開銷，也能增加院內收入。

然而羊排的口感太硬、太柴了，導致於沒有市場口碑，銷量也不好。

一籌莫展的李師母只好向各方好友請益，希望透過不同專業來突破困境。輾轉透過共同好友的介紹，讓擅長農業行銷的我得知伯大尼的需求，我便前往屏東，實地檢視伯大尼的經營狀況。

我發現，李師母以往對飼料廠勸募方式都是訴諸喜憨兒的悲慘與愛心，短期可以訴諸同情，但時間一長，企業看不到正面成效或希望，也會降低支持的動力。

因此，我發現公益事業要有行銷觀念，否則只是靠激發一時的同情心，無法讓公益之路經營得更長久。

我透過三個步驟和師母一起改善伯大尼的農產行銷。

第一步，先檢視經營體質，找出隱藏的問題。由於伯大尼為了節約飼料經費導致羊隻過瘦，羊排口感不佳，就失去市場競爭力。

因此，我請嘉義大學吳建平教授協助指導。教授指出關鍵是羊隻太瘦、達不到羊販業者的標準，採購價格就不好，加上羊肉口感不佳、造成回購率不佳，必須立即調整飼養管理，提高飼料質量才能解決問題。

第二步是用故事感動消費者。我建議將贊助者視為消費者，消費者想要知道產品背後的故事，就得相對的幸福感。孩子們賣的是農產不是悲慘，贊助者因愛付款也該獲需要先傳達情感，才能溝通理念主張。

我對師母建議，身心障礙者如何養羊、用心照顧的過程，才是要凸顯的重點。讓贊助者、消費者感受品質與價值，又能感受院生的用心，才能創造出收入與理念的雙贏。

第三步是重塑溝通角度。我建議擺脫「請幫幫忙」的募款訴求，重新定位自我價值。

以往師母發文請各大飼料廠商贊助，都是用訴諸院生悲慘狀況的同情心，請廠商發揮愛心來幫忙，但捐助效果很有限。

我協助師母重新定位募款訴求。首先說明伯大尼提升飼養品質的決心，提升畜牧管理能力，邀請企業在這個關鍵時期幫助伯大尼做出有品質的公益農產品，讓人有希望感，更願意為憨兒的努力而加油。

另外，勸募對象從過去少數廠家的小額贊助，直接跟飼料公會溝通，馬上就獲得支持。伯大尼之家獲得一年份飼料、總計一百三十八萬元。經過半年，羊也變胖了，不

僅採購價格有提升，羊排銷售狀況也逐步改善，增加伯大尼的收入。

今年八十歲的李韻珊師母體會到，先建立健康的慈善事業體質，重新定位溝通方式，不只讓伯大尼之家受到幫助，憨兒辛勤努力的故事，也能讓幫助憨兒的人感到幸福，這件事真的很有意義。

這兩篇個案文章在寫作設計圖遇到的問題不一樣。第一篇是主題跟內文沒有相扣合，第二篇則是沒有深入找到核心問題，無法創造文章亮點。

有了寫作設計圖，就能進行討論、做出調整。我透過提問與建議，檢視寫作設計圖的問題，兩個人都能重新聚焦、找到更好的切入觀點，再搭配整體結構，就能在撰寫上更有條理地陳述，完成引發讀者共鳴、更有說服力的文章。

看完這兩篇個案，你也可以練習寫出自己的寫作設計圖，逐一核對每個欄位的內容，進行深入思考與調整，再來將寫作設計圖展開，逐段撰寫，相信一定會有收穫。

回顧與練習

這堂課說明採訪寫作的觀察與提問，以及如何應用寫作設計圖。透過學員的1.0版跟2.0修正版的寫作設計圖分析與比較，讀者可以了解一篇採訪寫作的文章，從主題設定，一直到結論、下標的思考，有了整體引導之後，再進入寫作流程，實際完成一篇文章。

練習1

採訪與寫出寫作設計圖：先選擇一位你想多了解的人物，例如好友、同事、客戶或是有共同興趣的同好，透過訪談，找出他們的故事或運用什麼專業、克服過哪些挑戰。

接著運用這堂課示範的完整流程，先根據寫作設計圖進行構思，再根據每個欄位，寫出你的採訪寫作設計圖。透過這個設計圖來檢視你預計寫的文章，有沒有切入的觀點，有沒有吸引讀者閱讀的亮點？再進行修正。

最後根據你修改後的寫作設計圖，開始撰寫八百到一千字左右的文章。

透過這個練習，跟過去寫作的比較，會不會花更多時間思考，但是寫作速度反而加快，而且品質也有所提升呢？

第 18 課

閱讀與寫作篇

運用思考轉換力，
化輸入為輸出

我們常認為，只要大量閱讀，自然就能提升寫作能力。然而，閱讀力不等於思考力，從閱讀到寫作，並不是直線的因果關係。

我曾教四十多位國中小國語文輔導團教師寫作，他們需要在課前閱讀《精準寫作》，有些老師沒時間讀完，幾位老師就把內容重點整理成心智圖，方便其他老師參考。

我觀察，這些心智圖擷取的重點，都是書上明確標示的重點，看不出製圖者的獨特想法與觀點。我好奇問：「你們擅長運用心智圖，也很會引導學生畫心智圖，各位老師是否因此就會寫作了嗎？」老師們想了一陣子才回答，「老實說，我們還是不太會寫作。」

這個狀況也發生在職場領域。目前上班族流行讀書會，更出現「閱讀變現」、「閱讀致富」的書籍、演講或課程主題。觀察這個閱讀熱潮的背後原因是「內容」，大眾渴望瞭解更多知識、投入更多學習來提升能力，但是往往時間不夠，因此出現說書／聽書的熱鬧現象。

閱讀熱潮的兩個矛盾現象

然而，這股閱讀熱潮之中卻有兩個矛盾。第一個是聽完說書（線上講座、Podcast或實體讀書會）的人，可能以為已經吸收重點、有收穫，就不需要讀書了。當然，也有不少人聽完書、引發興趣，進而買書閱讀，但由出版業營收下降的現實來看，這個比例可能並不高。

《精準寫作》剛出版時，我就發現坊間舉行收費式讀書會來導讀這本新書，現場估計來了三、四十人。說書人賺到錢，但這樣的帶讀活動是否真的能闡釋、傳達《精準寫作》的核心技巧，聽眾付費獲得二手解讀，真的能對內容心領神會？以上都讓人存疑。

第二個矛盾在於，說書熱吸引更多人投入說書行業，多數說書人的閱讀力跟寫作力卻明顯不足。有不少人只是想透過「閱讀轉述」的方式磨練自己的表達力，強迫自己讀書來練習，但也有更多說書人只想藉此增加知名度，甚至期待變現、致富。然而他們多半沒有能力寫出自己的作品，或是內容品質不佳，只好「借力使力」、以介紹他人的書來吸引大眾。

在說書／聽書的熱鬧之中，也許大家的閱讀量增加了，但寫作力依然不足，甚至閱讀力也沒有提升。有位大學國文教授告訴我，他上網報名許多閱讀、寫作課程，想學習成為自媒體說書人，後來發現自己學到如何拆解文章，轉換運用在教學上。例如人物角色分析，劇情拆解，或是轉述相關知識，讓學生理解。「長期下來，我只會拆解、引用，卻很少產出文章，因為不知道怎麼寫。」他坦承，「這些課程都是一種心理安慰。」

我們把討論焦點再拉回本章開頭的國中小國文輔導團教師寫作課。我反問他們想提升什麼樣的寫作力？透過聚焦討論之後，老師表示，想學習找出內容背景脈絡，運用邏輯能力串連文章段落，以及有吸引力的敘事。他們認為，擁有這些能力，才能提升閱讀與思考力。

這三個能力正好是從讀到寫的三步驟。第一，如何消化文章，找出核心重點。第二，

如何找到獨特觀點，連結閱讀內容與自己的想法，為己所用。第三，如何透過精準、有條理的寫作，運用獨特觀點來說服讀者。

串連從讀到寫

想要串連從讀到寫，就必須具備消化與轉化閱讀內容的思考轉換力。如果思考轉換力不足，閱讀只是引經據典的吊書袋，寫作也偏向表層短淺的內容，只有堆砌大量的知識、資料，卻沒有獨特的個人見解，或是更深刻的看法。

要提升思考轉換力，關鍵在於寫作力。善於寫作的人，不只是會寫作，而是具有爬梳書本脈絡、找出重點、統合紛雜資訊的能力，甚至會運用邏輯推理，指出書中論述不足之處，再以自己的觀點陳述、評論這本書的特色。

有了寫作力，再搭配閱讀，就能累積更多的寫作靈感、素材、知識與想像力，進而增加寫作主題與內容。反之，大量的閱讀，如果沒有透過寫作來轉換成文字內容，往往只是增添個人底蘊與內涵，思考不一定會精準銳利。

這兩年我陸續開了「如何寫一本電子書」、「如何成為自媒體說書人」的實體工作坊課程。透過互動討論、點評寫作作業，我更深入了解學員的需求、渴望，以及面臨的閱讀與寫作問題。

為了解決學員閱讀與寫作的問題，我藉由寫作設計圖來穿針引線，幫助他們順利完成

從讀到寫，包括如何閱讀、如何轉譯，以及如何寫作。

我在「如何成為自媒體說書人」課程中，將原本的寫作設計圖微調項目內容，更符合學員需求。學員從選一本書開始，先思考這本書的背景脈絡、討論或解決什麼問題，說書人的獨特觀點，要介紹這本書的三個重點、相關的情節內容，並能結合說書者的個人經驗，讓這本書更接地氣，與說書者、讀者更有連結，還要有一個清晰的結論，最後再寫出一個畫龍點睛的標題。

如何寫好一篇說書稿

我以說書人課堂一位學員的作業為分析個案，幫助讀者理解，如何應用設計圖來完成精準寫作，擴展更好的思考與自我學習。學員陳俐羽在醫院圖書館工作，經常要推薦醫師與教師閱讀的書籍，卻又忙於各種行政事務，在被打斷的工作間必須回應醫師與教師的各種需求。因此，她想學習快速摘要一本書的重點，了解每本書的脈絡，寫好一篇說書稿。

我請她在課前依照設計圖格式，先寫出想分享的主要內容（參考下頁表17-1）。

文章標題	《番茄工作法》教會我們時間管理
背景脈絡	作者在大學求學時，因為無法靜下心來將老師指定的書念完，無意間在廚房拿一顆番茄形狀的計時器，設定2分鐘來逼自己唸書，發現短短2分鐘，讓他可以屏除干擾專心唸書。
討論或解決什麼問題	常常分心、工作效率低下，無法專心
主要觀點	精力管理非時間管理，改變對時間的依賴
重點1	番茄工作法是什麼?
主要情節	番茄工作法是一種時間管理策略，概念很簡單：在短時間工作，然後短暫休息，並重複這個循環。 目的在於保持專注力以提高生產力，方法就是每集中精力工作二十五分鐘，休息五分鐘，再進入下一個番茄鐘。而每工作四個番茄鐘，需要十五至三十分鐘較長時間的休息。
重點2	為什麼要使用番茄鐘？
主要情節	如果按時間流逝來衡量自己，會覺得時間一直在流逝，過了一天、兩天、一個月，為什麼事情還沒做完？容易造成焦慮，如果將時間變成事件，把任務拆成小單位。在有限時間內完成，看著一個一個事項被劃掉，感覺比較踏實。以不同的方式看待時間，有效降低焦慮感，提升專注力。
重點3	啟動番茄工作法
主要情節	番茄工作法簡單易用，透過以下步驟 1.計畫：決定需要先完成的任務，及預估番茄鐘。 2.計時：設定番茄工作法定時器為n 分鐘（通常為二十五分鐘） 3.工作：持續工作直至定時器提示，記下一個番茄。 4.小休息：短暫休息三至五分鐘。 5.大休息：每四個番茄，休息十五至三十分。
結論	番茄工作法不只是用計時器專注二十五分鐘、休息五分鐘這麼簡單，而是要計劃一天的時間流程，每天早上填寫一張當日工作表，列出優先順序、事項的盤點與記錄時間，這是有意識的管理時間，讓自己可以專注與完成工作。

表17-1:《番茄工作法》設計圖1.0版本

俐羽第一次交出的設計圖，是一般說書人最常表達的方式。先交代作者背景、遇到的問題，接著從主題是什麼（what）、為什麼要讀這本書、講這個主題（why）到如何應用（how）。但這種形式只是把書的內容摘要出來，沒有回應到讀者需求，也沒有凸顯說書人個人特色，沒有連結到她個人經驗，或是呈現個人觀點，讓這本書更有趣生動。因為表達太生硬，就不易讓讀者好奇、甚至感受這本書的重要性。

我在課堂上重新說明設計圖的重點，並以提問來引導俐羽思考與說明，為什麼想介紹這本書，她自己的工作困擾是什麼，她如何應用書上方法來實踐驗證，最後得到什麼效果？她重新思考與閱讀之後，再寫出閱讀寫作設計圖 2.0 版本（參考下頁表 17-2）。

文章標題	不要管理時間，要管理精力——介紹《番茄工作法》
背景 脈絡	隨著資訊科技及大環境的演變，現在我們只要透過一台智慧型手機，就能包辦大多事情，加上社群平台、短影音、遊戲等數位內容發展，更是霸佔著我們的眼球，成為注意力分散的時代。
討論 或解決 什麼問題	每當我想要好好做一件事時，不論是手機訊息或是其他事務，總是會出現無數個干擾，心中吶喊著事情到底何時才能完成啊？時間流逝的感覺常讓我內心開始焦慮。
主要 觀點	這本書不只幫助我，甚至連數位發展部部長唐鳳也在使用。本書出版超過三十年、已有上百萬人驗證，只要利用二十五分鐘，將任務拆解最小單位，就能在有限時間內完成，提升專注力，並透過記錄表優化工作效率，讓我們對於工作進度更有踏實感。 我對本書的觀點：「不要注意時間，而是以二十五分鐘為一個事件單位，專注任務，就能擺脫焦慮，提升效率。」
重點1	**以專注時間來分配工作，找回時間主導權**
主要 情節	如果按時間來衡量，會覺得時間一直在流逝，過了一天、兩天、一個月，為什麼事情還沒做完？心理容易造成焦慮感。若以事件接續的角度來衡量，焦點放在任務本身，我們就更容易專注當下工作，減少焦慮和時間壓力。 番茄鐘設定二十五分鐘內，只專注目前正在進行的事情，並用五分鐘時間休息，一次專注一件事情。番茄工作法是將任務拆成小單位，在一定時間內完成，看著待辦事項一個一個被劃掉，就會產生成就及滿足感。

表17-2:《番茄工作法》設計圖2.0版本（續下頁）

重點2	記錄優化成為更好的自己
主要情節	番茄工作法使用三大表單，分別是「今日工作表」、「事項盤點表」、「紀錄表」。工作前先從「事項盤點表」依據優先順序挑出重要事項，寫進「今日工作表」，「記錄表」是用來記錄碰到的干擾事項、完成或作廢的番茄鐘等狀況。 看到「今日工作表」列出的任務，會更容易抵抗其他可能的干擾，因為這是當日最重要的工作。同時，透過不斷地記錄和回顧，能夠更清楚了解自己的工作方式，並隨時調整以提高效率。 另外，透過記錄表得知干擾事項或番茄鐘的完成狀況，能幫助我們更了解自己的工作習慣和效率，更有效地管理時間和工作流程。
重點3	讓干擾成為下一步行動
主要情節	干擾分為內部干擾及外部干擾。內部干擾像是突然想到要繳帳單，這要在「記錄表」做記號，並寫在「今日工作表」臨時迫急事項中，再用空檔時間處理。 外部干擾像是主管的臨時交辦事項，處理原則與內部干擾一樣，要化被動為主動。遵守番茄鐘原則，有效告知、迅速協調、重訂計畫，之後再回覆對方，就能將精力放在正在完成的事項上。
結論	《番茄工作法》不僅是時間管理工具，更是一種生活哲學。教導我們如何在訊息爆炸的時代保持專注、掌控時間，並在完成任務後獲得滿足感。這樣的方法或許能讓我們重新與時間建立連結，並在快節奏的生活中找到一絲平靜。

表17-2:《番茄工作法》設計圖2.0版本

檢視俐羽的 2.0 版本，脈絡更清楚，討論的問題也與讀者的生活與工作密切有關，能夠引發讀者的共鳴與關注，也能呈現個人觀點與訴求。接著提到的三個重點，也不再是 what、why 與 how，因為 what、why 的主題已經在脈絡、問題與觀點的欄位扼要說明。再來的重點就集中在 how、三個具體的解決方案，這才是讀者最想知道的內容，再加入說書者個人的應用心得，跟讀者的連結就更密切。

有了 2.0 版的指引，俐羽繼續擴充寫成一篇完整的說書稿（全文參考下頁）。這篇文章結合作者的方法與說書人的應用經驗，對讀者更有參考性。此外，說書人透過閱讀、思考與寫作的過程，不僅精進自己的寫作能力，也增進閱讀力。

在工作坊現場，俐羽根據本書第十三課「標題力」的標題力四類型，下了四個標題。

- 觀點式標題：番茄工作法幫助你擺脫時間焦慮。
- 提問式標題：為什麼百萬人都在使用番茄工作法？
- 警告式標題：你的時間管理，不過是在內耗自己。
- 懸疑式標題：時間管理是效率的關鍵，你做對了嗎？

這四個標題都變好的，我建議可以用「番茄工作法幫助你擺脫時間焦慮」，直接了當，切入重點。

番茄工作法幫助你擺脫時間焦慮

作者：陳俐羽

隨著資訊科技及大環境的演變，我們只要透過智慧型手機就能包辦大多事情，加上社群平台、短影音、遊戲等數位內容發展，更是霸佔我們的眼球，造成注意力分散。我卻深受其害。工作上每當我想要好好做一件事時，不論是手機訊息或是其他事物，總會出現各種干擾，心中常吶喊事情到底何時才能完成啊？時間流逝的壓力讓我非常焦慮。

我一直在找尋改善注意力分散、影響工作效率的方法。一直到我看了《間歇高效率的番茄工作法》這本書，真的有如獲至寶的感覺。

這本書不只幫助了我，因為出版超過三十年、已有上百萬人驗證，甚至連數位發展部部長唐鳳也在使用。番茄工作法到底多神奇？如何幫助我們擺脫焦慮感，解決工作效率問題？

我實踐番茄工作法已有一段時間，有三個心得可以分享給大家，希望對各位有幫助、甚至有新的啟發。

第一，以專注時間來分配工作，找回時間主導權。

由於時間壓力的影響，容易造成工作上缺乏效率的焦慮感。事情一拖再拖，品質也

沒有改善，讓人陷入精力耗損的惡性循環。

經過作者多年的研究，番茄工作法工作二十五分鐘，搭配休息五分鐘為一組，四組番茄鐘後，一個長時間休息十五至三十分鐘，透過長短適度的休息，有效管理注意力與效率。

我發現，番茄工作法可以移轉我對於時間流逝的注意力，降低焦慮感。先主動保留二十五分鐘來分派任務給自己，這段時間只專注做好眼前的任務。有節奏地劃掉一個一個待辦事項，讓我充滿成就及滿足感，更有動力繼續一個接一個的任務，彷彿一切都在我手中。

第二，記錄優化工作狀態，透過持續進步成為更好的自己。

記錄番茄鐘使用狀況，藉此了解自己的工作狀況。作者提出，在使用番茄鐘的過程中，詳實記錄已完成的番茄鐘數量，若出現干擾就在番茄鐘旁畫上一撇做記號，同時寫下必須處理的干擾事項，晚點再處理，好專心處理當下的工作。

等到一天工作結束後，透過記錄表檢視今天忙碌的成果。例如比對每項工作預估與實際蕃茄鐘數量的差距，假設會議簡報製作預估兩顆蕃茄鐘，實際卻用了三個蕃茄鐘，搭配干擾記錄，分析到底是自己錯估時間，還是干擾造成的？有沒有什麼流程需要調整，才能縮短工作時間。

透過不斷地記錄和回顧，能夠更清楚了解自己的工作習慣，並隨時調整以確保注意力。本書提醒我跟各位讀者，即使再累，都要花個五分鐘回顧一天工作狀況，感謝自己。

己一天的辛勞，也是為了更好的明天與更好的自己。

第三，妥善安置干擾事項，才能專注當下行動。

就算一個人在家工作，干擾一樣少不了，認真處理干擾事項，有助當下專注。我們有時工作到一半，突然想起晚餐要訂披薩，就馬上處理，當下的事就被擺到一邊。其實這種干擾不少，只是沒注意，卻讓當下事情一直做不完。

作者建議，手邊可以放一本筆記本，把遇到的干擾事項寫下來，然後繼續工作。這個動作就幫助我能夠快速回到原本專注的事情上，等番茄鐘結束後，再另外設一個番茄鐘鐘來處理雜事，彈性調整工作狀況。

我發現，番茄工作法讓我聚焦任務，不會拖延，能夠游刃有餘處理事情。

《番茄工作法》不是在管理時間，而是在管理精力，更是一種生活哲學。它教導我們如何在資訊爆炸的時代保持專注、掌控時間，完成任務後獲得滿足感，更有持續工作下去的動力。

如何寫好一篇推薦序

除了把自己的閱讀心得，透過思考與書寫加以整理，達成學習的正向循環之外，我也要進一步分享，如何運用自己的觀點與專業，為一本書寫推薦序文。

撰寫推薦序比說書稿的挑戰更大，主要的原因有三個：第一，必須在有限篇幅中寫出這本書的特色，又不能交代的巨細彌遺，影響讀者的閱讀樂趣。第二，要凸顯你的個人特色與專業，證明你有資格推薦這本書。第三，推薦者不能逾越角色，寫了過多個人的事情，搶了這本書的風采，因為書的內容才是鮮花，推薦者只是襯托的綠葉。

我過去曾幫三十本書寫過推薦序文（因為時間有限，這幾年我大量推掉推薦序的邀約），也當過時報開卷獎、台北國際書展大獎的評審，甚至擔任二〇二二年讀墨電子書店長，推薦了十一本非虛構寫作主題的書（並撰寫推薦短文）。因此，對於如何閱讀、如何選書，如何用個人觀點寫出一本書的特色，累積一些經驗與心得。

我舉出一篇最近寫過的推薦序文為例，分享我的閱讀、構思與寫作的歷程，提供大家參考。

一開始收到人類學者、在撒哈拉經營民宿與旅遊的蔡適任撰寫的《撒哈拉，一片應許之地》書稿，作者提及這本書受到我的著作《風土餐桌小旅行》與《風土經濟學》的啟發，希望我能掛名推薦。我讀後深受感動，認為讀者能夠得到不少收穫，出版社編輯也詢問我能否寫一篇推薦序文？我答應了。

為了寫稿，我先思考這本書如何跟台灣的讀者產生連結。因為撒哈拉是遙遠的國度，除了作者是台灣人，偶而有台灣旅者去住她的民宿、參與深度旅行，其實很難跟台灣發生連結。

我聯想到作者在異地透過住宿與旅行扎根在地文化，讓觀光客深入認識撒哈拉的飲食

文化、風俗民情，跟台灣近年推動的地方創生、以及我鼓吹「如何運用風土資源創造經濟價值」的理念不謀而合。因此，這是我第一個切入點，透過背景脈絡的介紹，試圖讓讀者立刻有感。

我在推薦序的第二段與第三段，就連結到台灣、以及我個人的專業，建立讀者的好奇與認同：「書上遇到的種種難題、挫折與找尋突破方法的過程，如果地點不是在撒哈拉沙漠，還以為這是台灣某個偏鄉角落的故事。

對照之下，這不也是我多年的實踐歷程。我們都穿梭於在地人、外地人、文化、社會與商業經營的角度，嘗試找出挖掘地方風土特色，轉換成可與外界溝通、改變現狀的經營模式。」

接著，我歸納作者遭遇的四個挑戰，建立讀者共鳴：「身為一位女性，在撒哈拉沙漠創業，遭遇的困難挑戰，是身在島嶼台灣的我們很難想像的。一個是廣袤無垠的沙漠，有什麼可以讓人探索流連的特色？其次是阿拉伯民族對女性的貶抑忽視，尤其是這位異國女性的處境更艱難，第三是當地富貴權勢與窮困弱勢的落差，弱者往往難以抗衡。第四是商業營運的挑戰，歐洲人來此都是過著奢華的觀光行程，在地業者只能取悅滿足，卻容易失去自我特色，更無法賺到該有的利潤與尊嚴。」

說明了挑戰，再來就是提出我個人的觀點與訴求：「其中最值得台灣讀者學習之處，在於她運用人類學精神與方法，以『他者』角度來探尋沙漠文化的奧祕，以及轉換成創新內容，引領旅客深度認識沙漠之美。」

我在推薦序裡提出三個重點，分別是做好扎實的田野調查、如何讓在地生活與生硬歷史產生溫度，以及如何以地方角度來思考與感受。

做結論時又拉回台灣，讓這篇推薦序能與讀者連結：「最後都能像適任一樣，先做有故事的人，才能讓家鄉成為有故事的地方。」

文章寫完之後，我下的標題是「一位風土創業者的沙漠行動」，以此連結我的專業、台灣的特色，以及作者的脈絡。

大家可以再回顧這篇推薦序的思考與寫作順序，思考如何與寫作設計圖的架構相呼應。

回顧與練習

這堂課說明，要具備思考轉換力，才能提升閱讀力與寫作力。我透過兩個案例來說明如何應用寫作設計圖。一個是學員個案，要結合書中重點與個人經驗，介紹一本書，另一個以我個人的推薦序文為例，示範如何呈現我的獨特觀點、又要扣緊本書作者的特色，吸引讀者好奇與共鳴。

練習1

練習完成寫作設計圖：先選擇一本你有興趣、想推薦給他人的好書，先大致看完一遍，接著透過設計圖來整理內容，最後寫成一篇說書文章。寫出你想如何介紹這本書，並結合你的經驗，引發他人的好奇與共鳴，進而產生學習與啟發。

第 19 課

企業個案篇

建立溝通、
寫出價值的精準寫作

我坐在狹小的會議室，聆聽四位銀行商品部主管的困擾。他們各自負責銷售保險、存款與投資商品，企劃人員經常要寫新聞稿給媒體、理財專員，傳達產品特色與投資理財觀念，但是效果往往有限。不是媒體不發稿，就是改寫刊登後的內容不如預期，不然就是理財專員無法簡要說明，讓客戶理解。

我原本是受邀來為他們講授商品文案寫作，在課前溝通的討論之中，我意外發現：這幾位主管的最大痛點是寫新聞稿。仔細了解之後，這些商品企劃想學的寫作，其實就是將商品特色、理財觀念與市場趨勢，整合成一篇精準傳達重點，不超過一千字的文章，讓讀者能理解，並達到促成銷售的目的。

過去他們的工作流程是，企劃人員寫完新聞稿，先交給公關部門核定，再轉發給媒體。但現在理財資訊龐大，溝通平台也不限於傳統媒體，企劃人員每天的發稿量變大，工作壓力更大。「現在還要經營官網跟臉書，直接跟大眾溝通。」主管很苦惱，「我們每天加班到十點，還是無法解決這些溝通行銷的問題。」

了解他們的實際問題之後，我把寫作課程分為兩階段；我先教授基礎的金字塔結構與魚骨寫作法，再教輕薄短小的商品文案寫作。我認為，企劃人員先具有長文寫作基礎（一千字左右），就能將複雜的金融商品、理財觀念轉換成簡潔具體的文章，也才能應付每天大量產出的壓力。

企業寫作的三大痛點

這家銀行是由內部企劃人員撰稿，但不少企業選擇將寫作外包，委託給公關公司或找寫手協助。然而，企業簡介往往有著太多空泛、抽象不精確的字句，不僅讀者無法理解與聯想、員工本身也不一定了解。在我看來，這類的簡介陷入了「知識的詛咒」，造成自說自話，無法對外有效溝通。

事實上，企業也需要具備寫作基礎與認知。全球知名企業中，就有兩位知名的執行長每年親自執筆，向大眾溝通他們的經營理念、願景與趨勢看法，一字一句都受到注目與解讀。一位是投資大師、波克夏投資公司董事長暨執行長巴菲特，另一位是亞馬遜執行長貝佐斯，他們每年都會寫一封致股東的公開信。

從這些信件內容看來，他們都是採取魚骨寫作法，也就是每段都有重點摘要的魚頭句，以及有邏輯、清楚的內容，加上明確的結論。儘管這些信件都是長篇文章，他們卻能透過清晰的思考，簡潔的寫作結構，傳達明確的想法，讓外界能夠引述與分析。

根據我擔任企業顧問，以及指導媒體、企業寫作技能的經驗，我歸納企業寫作有三個需要克服的痛點：缺乏核心思想（what）、讀者思維（why）與寫作技術（how）。

缺乏核心思想

核心思想是企業本身的目標、價值觀，以及跨部門共識，也就是觀點力。如果只是企

業老闆、主管的要求，沒有透過部門內、跨部門的討論，建立清楚具體的共識，產品內容很容易就是各說各話，各自揣摩目標與重點，寫出來的內容就不一定符合企業目標，效果也會打折扣。

例如這家銀行的新聞稿，有一篇是訴求即將退休的族群要有穩健理財觀，但其中卻突然插入一段兒童理財的商品介紹。這與主題無關，只是塞入產品資訊，反而沒有效果，徒增讀者的困擾。

我向銀行主管說明金字塔結構，只要強調三個重點，讀者就能清楚了解，企劃人員也可以仔細發揮，不會增加閱讀與寫作負擔。但主管無奈回答，高層主管喜歡強調更多重點，他們就要照辦，塞入更多資訊，讓文章看起來很豐富。

這就容易陷入沒有換位思考的「知識詛咒」陷阱，想給讀者很多，卻忽略讀者的注意力與記憶力有限。第十二課賈伯斯與廣告公司的爭論，就是最好的例證。「你要人們注意的事情越多，他們記得的事情就越少。」

缺乏讀者思維

這個問題也連結到企業寫作的第二個痛點，缺乏讀者／用戶思維。企業容易習於產品思考，我們開發、推出什麼產品，再透過行銷或企劃部門寫文章推銷給讀者，卻忽略了「這是顧客想要的產品嗎」？

第二課提到要成為厲害的服務業，就要創造三件事：符合顧客的期待、解決他們的問

題與製造意外的驚喜。亞馬遜就是一個顛覆用戶思考的超級服務業，貝佐斯有強烈的以顧客為中心的價值觀，也反映在他的寫作上，被譽為「亞馬遜首席寫作師」。

缺乏寫作技術

不論是將寫作任務外包給合作的寫手，或是由內部的企劃人員執筆，企業與寫作者雙方對於寫作必須要有一定的共識：不求辭藻的精美，而是有邏輯、具體且簡潔的表達。從主題力、觀點力、結構力（重點力與情節力）、開場力、結論力與標題力都有基礎認識，對內對外才能有效溝通。

從我的經驗與觀察，大部分企業經常將文章改來改去，問題往往在企業本身沒有核心思想、觀點不清楚，沒有清楚的ROA思考，導致反反覆覆，最後又回到企業寫作的惡性循環。

個案一：建立核心思想與論述

企業的精準寫作，不能把寫作當成下游，以為只需要找個會寫作的人，能寫出美文就好。寫作不是出力的手腳，而構思的大腦，是品牌策略的源頭。

對企業來說，寫作就是企劃。寫作從開頭的企劃就要參與，列入行銷策略的一環，從一年、一季、一個月、一週，甚至每天，建立完整的溝通藍圖。這個目的是精確傳達企業

的抽象想法，讓讀者產生具體感受與認知，進而產生改變的行動。我以自己曾擔任的外商直銷公司的品牌顧問為例，分享如何從品牌定位、建立中心思想，寫出完整論述文章，一直到最後撰寫廣告行銷文案的過程。

在品牌建立、產品開發過程中，需要擁有精準寫作的思維。

我先跟總經理討論她對新品牌的想法，遇到的痛點，以及市場趨勢的觀察。這家公司希望訴求年輕上班族加入直銷行列，但年輕人擔心初期創業風險高、壓力大，轉職會產生遲疑。因此，他們希望年輕人可用兼差的方式，利用下班空檔從事直銷工作，也開發出簡單好入手的直銷產品包，幫助他們銷售。

我先了解完整脈絡與需求之後，再將公司相關文案、調查報告、產品說明與新聞稿重新整理與消化，找出可以訴求的重點與素材。

但還差一個核心觀點。有了核心觀點，就像金字塔結構一樣，才能針對潛在顧客的需求與痛點，找出支撐的重點，以及相應的情節，例如簡易產品包、產品說明，以及其他相關的內容。

我左思右想，剛好看到《不離職創業》這本書，書上提到「兼職創業」的概念，很符合直銷公司的訴求，年輕人也容易理解。我運用這個觀點，把相關調查報告重新改寫、調整順序。

第一個重點是台灣目前創業的矛盾現象。七成的台灣人想創業，只有三成的人有決心。想創業，又不敢創業，這是台灣目前創業的矛盾現象。

268

第二個重點是，兼職創業是彈性思維與工作組合的概念。好處在於景氣好的時候，會帶來更多改變的機會；萬一景氣不佳，兼職創業就像一份保單，具有保險的功能。

第三個重點是，透過直銷業來培養創業能力，是最簡單、最有效益的方式。除了有好的報酬，還能學到業務力、溝通力與領導力，增加轉型與自我探索的機會。

在直銷業之中，這家外商公司推動兼職創業計畫的三個優勢。包括 ❶ 風險最低，不需要創業資金，❷ 沒有囤貨壓力，❸ 自己選擇投入時間與方式。

表18-1，兼職創業的金字塔結構

兼職
創業

訴求
1. 台灣目前創業的矛盾現象
2. 彈性思維與工作組合的概念
3. 培養創業能力，最簡單、最有效益的方式

優勢
1. 風險最低，不需要創業資金
2. 沒有囤貨壓力
3. 自己選擇投入時間與方式

制度
1. 公平的獎金制度
2. 精選符合消費者需求的簡易入門產品
3. 有系統的教育訓練

我再從公司原本的制度中，拉出三個呼應兼職創業的特色。包括公平的獎金制度、提供完善創業保障、精選符合消費者需求的簡易入門產品，以及有系統的教育訓練，讓創業有步驟與方法。

在三千字的完整論述下，傳達從市場趨勢到公司計畫，經過總部討論之後，確認「兼職創業」是整體訴求。我再跟品牌部門討論，找出最核心溝通的內容，精簡為七百字，做為跨部門開會溝通的共識，根據這個共識訂出行銷方案、教育訓練與產品組合的內容。

有了論述基礎與共識，再進行文案包裝。我從七百字的內容，再濃縮、改寫為廣告折頁、海報文案。例如訴求三大重點：❶生活消費：天然、品質、好安心，❷兼職創業：自由、公平、新機會，❸學習成長：專業、步驟、有方法。不論重點或細部說明，都是三個重點，簡單清楚的文字訴求。

從三千字論述，到七百字精簡文稿，一直到文案標語，都是扣緊「兼職創業」的核心觀點，廣告公司再根據這些內容寫成官網與臉書的文案，便能持續對外溝通。

在這個過程中，我運用了精準寫作的ＲＯＡ思考與寫作流程，同時站在公司與讀者角度，與總經理、產品部門與公關行銷部門密切討論，確定共識，才能進行細節討論，讓新品牌計畫順利運作。

個案二：如何為集團企業規畫紀念刊物

如果你是一家成立六十年的集團企業，橫跨十大產業，旗下擁有兩百多家公司，要編一本紀念刊物，該如何對外傳達這六十年的內容，讓讀者深入了解？

這是一個大難題。當時我擔任媒體的創意總監，業務部主管接到這家集團來電，希望我們協助提出六十年紀念刊物規畫案，我們決定先了解顧客需求。

坐在豪華總部辦公室，白髮蒼蒼的副總經理一臉焦慮。由於這個集團橫跨水泥、石化、航運、銀行、電信、百貨、紡織、飯店、醫院與大學，加上六十年歷史、兩百多間公司，實在很難用一本刊物貫穿整個集團多元複雜的內容。內容太複雜了，加上董事長的想法一直轉換，媒體提案的內容也沒有太多新意，導致刊物計畫一直延宕。

我詢問其他媒體的提案內容，是不是每個產業寫一章、十大產業寫十章，加上大事紀、刊物最前頭放圖片？副總猛點頭，頻頻說你怎麼知道？我笑著回答，因為集團太大了，這是最簡單直接的方式。

我當下也沒有想法。我問副總，你們這本紀念刊物想給誰看？還是司馬遷的紀傳體？意思是依照集團發展歷史來寫，還是根據主題來寫？副總回答，編年史太無趣了，希望是有主題來貫穿集團內容。

我問最重要的ROA問題。你們這本紀念刊物給誰看？目的是什麼？是集團員工自己看，還是給非集團的讀者？副總回答，希望給集團外的人看，例如讓各大公司、投資法

人、政府官員認識整個集團，產生認同感。

我們離開前，副總提醒，編輯委員是由兩百多個公司選出的四十位高階主管擔任，他們希望每個公司都能在刊物中扮演重要角色，不能偏漏一家、或獨厚其中一家。

這個任務太艱難了，我私下跟業務主管說，不要接這個燙手山芋。因為沒有要提案的壓力，我在回家路上，反而輕鬆地邊走邊想，這個六十年老牌企業集團，一定要每個產業、每家企業鉅細靡遺的介紹嗎？這樣讀者才不會有興趣。

要如何呈現才有趣？我回想在時尚雜誌《GQ》工作的經驗。每年都會有「Best 100」或「年度A～Z」，介紹整年最精彩美好的人事物，先建立標準與限制，編輯再根據分類列出名單，逐一討論；確認一百個名單之後，才開始拍攝與撰稿。

這些企劃讓我聯想到這家集團的紀念刊物。我靈光乍現，這個集團的Best是什麼？要如何跟讀者有關？我先思考集團目的，應該就是希望產生影響力，讓讀者知道他們對台灣的影響。

我當時發現可以提案了。藉著精準寫作的流程，來呈現提案計畫的構思過程：

精準寫作．定位策略流程圖：如何為集團企業規畫紀念刊物

ROA

讀者（R） ➡ 目的（O） ➡ 行動（A）

集團外的人 ➡ 讓各大公司、投資法人、政府官員認識整個集團 ➡ 產生認同感

主題力
主題定位在普遍、新奇的第一模式 ➡ 集團對台灣產生重要影響、讀者熟悉的大事件

觀點力
集團慶祝六十年歷史，「六十」是關鍵字 ➡ 讓讀者了解集團六十年來，對台灣產生的六十個影響力

結構力
支撐結構的三重點 ➡ ①薪傳②影響③未來

情節力
每個影響力只用兩頁呈現 ➡ 主圖 ＋ 三百字的脈絡與重點

標題力
「XX60，影響60」

主題力：跨十大產業、兩百多家公司、六十年歷史的集團，必須要有一個可以對外溝通的主題，適合對台灣的影響力。主題聚焦到第一個模式，跟他人、整體社會有關的重要外在大事件，讀者才會有興趣。接著主題定位在普遍、新奇的第一模式，這是找出讀者比較熟悉、有趣，也是集團對台灣產生重要影響的事件。

觀點力：影響力要如何聚焦？不能無邊無際，我想起這個集團要慶祝六十年歷史，「六十」是個關鍵字。觀點力就是讓讀者了解集團六十年來，對台灣產生的六十個影響力。

結構力：結構力分兩部分，一個是紀念刊物的結構，另外是六十個影響力的數量龐大，需要有結構來分類，才能有條理地支撐這本刊物。

先思考整本刊物的結構。要支持六十年的刊物，又要滿足集團董事長的需求，將過去、現在與未來串起來，不只談過去的豐功偉業，又要讓讀者想深入了解。我就用時間軸結構貫穿整本刊物，包括薪傳、影響與未來。

❶ 薪傳：撰寫第一代創辦人與第二代董事長的故事、經營心得，傳達薪傳的意義，並放入集團的大事紀與圖片。

❷ 影響：影響是這本刊物的重點，讓讀者了解集團十大產業、兩百多家企業的特色。該如何架構這六十個影響力？我認為應該要有六個主題重點，每個重點有十個影響力。這六個主題要夠宏觀有力量，不能只集中在經濟上，才能涵蓋集團的特色與期待。

我最後定為經濟、企業經營、企業社會責任、文化、生活美學與創新，用這六個主題

274

去涵蓋集團產業與旗下公司。

❸ 未來：讓集團十多個主要公司的總經理談他們未來的經營想法。

情節力：想好結構，再來是如何呈現。因為產業眾多、公司數量龐大，一本刊物不可能包山包海，要如何呈現集團特色，又能吸引讀者？我用過去在時尚雜誌、以及編輯《三一九鄉特刊》的視覺導向經驗，提出版型規畫，每個影響力只用兩頁呈現，一頁主圖、另一頁只用三百字寫出脈絡與重點，最後十多位專業經理人的訪問，也只用兩頁，搭配人物照片與文字。

標題力：提出的刊物名稱

表18-3，紀念刊物的時間軸結構

「XX60，影響60」。

我把整個提案想好，做了版型參考，寫成提案簡報，包括文字編輯、藝術指導與攝影團隊，並提出整體預算，沒想到馬上就被副總經理接受，後來我再提案給董事長，十五分鐘之內就順利通過。

再來才是大難題，那就是要怎麼產出六十個影響力？因為要讓兩百多家公司參與，我把六個主題，包括經濟、企業經營、企業社會責任、文化、生活美學與創新做成表格，每家公司思考討論後，再填在表格上。彙整之後，我再從讀者角度與編輯委員溝通，確認六十個影響力的主題與內容。

確認大方向與影響力的具體內容後，再來就是執行細節。我帶領採訪小組、攝影師與美術設計，開始進行採訪寫作、拍攝與版型設計。

順利完成刊物之後，又意外接到集團另個專案小組的委託。這次是六十週年慶祝活動的需求，在會議上，了解小組要在大型體育館舉辦慶祝活動，發動兩千位員工參與。由於整體活動規畫都是由外商公關公司負責，我好奇我們要扮演什麼角色？

小組負責人說，他們希望在進入體育館之前，有一個時光走廊帳篷，將六個主題、各十個影響力的內容，製作成影片，讓員工可以快速了解集團六十年的歷史，希望我們可以負責文案與影片製作。「因為你們是這本刊物的靈魂，最懂內容。」我們接下這個專案，也順利完成。

276

這已經是十多年前的事了。刊物完成的兩個月後，我就離開當時的媒體，加上編輯團隊沒有在刊物上掛名，並不知道這本刊物因為持續被各大公司索取，不斷加印。沒想到，這本刊物成為企業界學習如何製作企業刊物的範本。

我還記得當時在四十多位編輯委員會議上，站起來回答各種疑問、溝通說服的過程。

我必須兼顧企業客戶的需求與讀者角度，並維持寫作與編輯的專業，守住大方向，頂多在枝微末節上（例如照片拍攝角度、文字修飾）讓步。

這是我參與企業寫作，學到最有價值的經驗。先建立核心思想，擁有讀者思維，徹底執行精準寫作的技術，就能寫出企業的價值，建立好溝通。

回顧與練習

這堂課談企業寫作對外溝通的三大痛點：缺乏核心思想、讀者思維與寫作技術，以及透過兩個案例來討論，如何從頭到尾將寫作視為工作流程的上游，把複雜抽象的想法轉化成有效溝通的內容。

練習1

企業需求撰稿：如果你接到企業指派的寫作案，例如撰寫品牌形象、招募或商品銷售的文稿，請你練習從ＲＯＡ、主題力到標題力的一連串構思，提出你的寫作計畫。

第 20 課

結語

刻意練習，
寫出你的未來

美國開國元勳之一的富蘭克林，他除了是外交家、科學家與發明家，也是知名的記者與作家。然而他一開始只是印刷廠學徒，與朋友書信往來爭辯想法時，被父親指出文章說服力不夠。

積極好學的富蘭克林並沒有因此氣餒。雖然沒有名師指導，他仍想辦法積極提升寫作能力。他正好讀到一本十八世紀初在英國倫敦流行的雜誌《旁觀者》，對這個雜誌的文章驚歎不已，下定決心要練出這樣的好文筆。

他該怎麼做？他先挑自己喜歡、有獨特風格的文章，抄寫摘要筆記，過幾天之後再嘗試用自己的話複述文章的觀點，再跟原文比對，了解自己的疏漏，再來改進。

富蘭克林不只重視文字技巧，還持續加強寫作結構和邏輯表達。他藉由閱讀《旁觀者》的文章，在不同紙條上寫下每段的重點提示，接著打亂原來的紙條次序，再運用邏輯思考，重新調整那些混亂的提示紙條，最後參考原文比較結果，做為調整自己思考能力的參考。

富蘭克林透過這種有目標的練習，提升自己的寫作能力，也成為美國很知名的作家，甚至開創美國幽默文學的先河。「這個練習強迫他在寫作時謹慎組織思緒，一旦發現思緒整理得不及原文作者，便會修改自己的作品，並從錯誤中學習。」知名心理學教授安德斯・艾瑞克森（Anders Ericsson）在《刻意練習》指出富蘭克林的學習方法。

這是一種有目標、有階段、拆解成不同能力練習的寫作方法。艾瑞克森認為，不論是運動、鋼琴、下棋與寫作，甚至各種專業技能，都可以透過這種有目標、有反思、跳脫自

己舒適圈的刻意練習方式，精進自己的能力。

刻意練習，突破舒適圈

如何運用刻意練習的方式來提升寫作能力？首先要說明什麼是刻意練習，這跟一般練習有什麼差異？

艾瑞克森反對「天才既定說」。他認為大腦具有無窮的適應與發展潛力，只要投入足夠的時間、透過有目標、正確方法的持續練習，就能有所進步。

他強調，這種刻意練習是違反一般慣性的做法，不是熟練而已，而是在每個階段設定目標，逼迫自己跳脫習慣的舒適圈，在關鍵細節上逐步精進，讓我們的大腦認知產生結構性變化，藉此重塑神經網絡，讓認知與能力相互配合成長。

艾瑞克森運用「心智表徵」的概念，傳達刻意練習帶來的效果。他解釋，心智表徵就是大腦心智處理訊息的能力，能夠發現看似混亂的表象訊息背後的意義與模式，接著透過理解、詮釋、存入記憶、組織、分析，最後做出決定。比方高手級的棋士看棋盤上的旗子位置，就能看出不同模式，以及有哪些因應方式，然而一般棋手可能只是看出幾個棋子的走勢，無法看到更深遠的布局。

心智表徵也類似本書提出的「脈絡思考」，能從混亂訊息中找出脈絡的能力。因此，高手與一般人的差異在於，前者見林，後者只見樹。「想要躍上自身專業領域的顛峰，這

此高階能力是不可或缺的，」《刻意練習》強調。

寫作也能幫助建立心智表徵。艾瑞克森認為，一般的寫作都是「知識陳述」，想到什麼就想什麼，再把想法鬆散地組織起來，開頭有引言，文章有結論，這個結果只是把腦袋中的想法全部告訴讀者。

艾瑞克森對於寫作的刻意練習，也類似本書提出的「ROA」思考術。他認為專業寫作者在寫作前，會站在讀者立場思考，希望讀者獲得什麼？有哪些重要想法值得分享，讀者能得到什麼改變？就此來建立寫作目標、賦予任務，然後再逐步琢磨文章整體結構與邏輯、每個環節的重點，彼此的關聯是什麼？

他以《刻意練習》這本書為例，說明如何建立自己的心智表徵。他對出版經紀人提案時，經紀人不了解什麼是刻意練習，這跟其他練習有什麼差異？艾瑞克森就反向思考，該如何呈現「刻意練習」的內容與特色。

他發現《刻意練習》這本書的觀點，在於透過刻意練習建立一個新的、完善的心智表徵，心智表徵反過來就能有效提升個人的外在技能。透過反覆思索的過程，艾瑞克森對刻意練習的概念又有了新的理解，進而幫助他提升寫作能力。相對於「知識陳述」，他認為這個寫作過程是「知識轉化」，因為能夠改變、增加作者的知識與能力。

艾瑞克森跟富蘭克林一樣，有意識地監督自己的學習過程，找出問題，並提出解決之道，才能持續調整精進，擴大心智表徵的能力。

學好寫作，需要分拆練習

我們再回到這本書的課程設計。我扮演讀者的寫作教練角色。先把寫作能力拆解，每一堂課都有一個目標與主題，並透過刻意練習的方式，有階段、有步驟與目標地逐層練習，逐步建立寫作者的寫作能力，以及相對應的心智表徵。

比方寫作第一步，不是寫作，而是思考寫作策略。先確認讀者是誰，寫作的目的，以及期待讀者看完文章之後的行動。如果沒有這個換位思考的構思，會不知道溝通對象、以及讀者的需求與感受，寫出來的文章就沒有目標與方向，反而白費力氣。

第一步掌握策略大方向，第二步之後，才是由上而下、主題力、重點力與情節力的思考布局。先從發想主題與聚焦主題，找到主題定位之後，接著要反問自己，寫作主題要呈現什麼重點？並運用魚骨寫作法，練習培養自己的段落思考。有了這些基礎，才能運用金字塔結構，打好文章地基與結構，並將相關數據、引述、細節、引人共鳴的文章鋪陳清楚。

有了基礎能力，我們才能再往進階能力邁進。先培養觀點力，能運用一句話傳達自己的想法，再來才是練習下標，這些能力都具備了，我們再精進開場力與結論力，完成寫作的基本功。

這個課程內容，也是我經過三階段寫作教學的刻意練習之後，反思修正所萃取出來的方法。首先，我開了十三期的「深頁十堂寫作課」公開班，以及好幾個媒體的寫作培訓課

程，每次的教學、實作與學員的課程表現、課後作業的修改，都是一種反饋與收穫，幫助我持續修正、補強與精進課程內容。

第二階段，我開了線上寫作課程，因為要跟原本實體寫作課程區別，逼使我將原本的寫作課程精鍊與濃縮，每堂課只有二十分鐘的時間，要講清楚主題、重點，以及運用視覺表現，簡單具體傳達給線上課程的學員，我必須增加更新、更快速實用的方法。

第三階段，從實體與線上課程的口語傳達內容，要變成文字內容，更是一大工程。

除了要跟兩種課程有所區隔，還得重新設定「ROA」，因為對學習者來說，現場互動、線上呈現與閱讀思考，三者是完全不同的溝通介面，需求也不大相同。對於書本閱讀者來說，因為能夠反覆閱讀與思索，我在寫作上更重視邏輯表達與思考。

這本書在寫作上，除了構思與寫作的時間比教公開班和錄製線上課程還長，寫作過程還得跟編輯來回溝通討論很久，才能定稿。奇妙的是，寫書過程中，又反饋到我的現場教學內容，讓學員的學習與實作更簡單具體。例如增加開場力、結論力的模組，幫助學員調整自己的寫作內容，馬上就能看到改變的成果，增加學習信心。

運用寫作力，建立自己的作業系統

透過寫作建立屬於自己的心智表徵，其實也就是建立自己的作業系統，能夠運用在不同職場與行業上。

就像寫作課學員在課程結業之後的討論，整理出三個學習重點：第一，寫作上更深思熟慮，知道對誰溝通，寫作變得更快、更有效率。第二，閱讀上更能掌握重點。大家閱讀書籍文章、新聞、各種資訊，能知道重點與意義，對於冗言贅詞，邏輯不通的內容，能用邏輯思辨找出問題。第三是表達上更精準。寫作訓練思考，幫助大家能夠清楚地說出重點，並能舉例有力的例證、故事來說明。

其實就是先瞭解他人需求，做好自我定位，接著運用邏輯思考化繁為簡、掌握重點，最後是挑選細節與例證，精準傳達，達到溝通與說服的效果。「這種能力像水，在不同職場就變成不同飲料。」一位學員補充。

我有一位學員是國中生物老師，他除了持續保持撰寫文章的習慣，寫作力的訓練，也改變他的溝通與思考模式，甚至還將重點力的練習運用在教學上。

例如以前想講的重點有很多，現在都會先想清楚對象是誰，我要講什麼主題，有幾個重點，補充哪些細節，最後一定要把結論說清楚。

在教學上，他會把給學生閱讀的文章，刪去原有的標題，請學生分組討論，重新找重點，下標題，反而讓學生更投入，還能進一步自行發想很多有趣貼切的標題。「學會閱讀，才能看懂題目，」這位老師說，「從段落中抓重點的技巧，多練習，對他們未來很有用。」

未來，一直在我們眼前。這本書像一個督促大家向前進擊的教練，不是讀完就好，而是要帶著它持續精進練習。

唯有透過寫作的刻意練習，你的未來，才有未來。

回顧與練習

這堂課強調刻意練習的重要性。你就是自己的寫作教練，要分段建立學習目標，有意識地修正與調整，突破原有的舒適圈，才能精進寫作能力。

練習1
完整應用精準寫作：從自定主題、用一句話說出觀點、建立結構，釐清重點、挑選關鍵細節，以及思考開場與結論如何寫，最後為這篇文章下一個精彩動人的標題。

參考書目

前言

《進擊：未來社會的九大生存法則》（*Whiplash: How to Survive Our Faster Future*），伊藤穰一、郝傑夫，天下文化，2018。

第1課

《微寫作：短小訊息的強大影響力，文案、履歷、簡報、網路社交都好用的語言策略》（*Microstyle: The Art of Writing Little*），克利斯多福·強森（Christopher Johnson），漫遊者，2012。

《廣場與塔樓：從印刷術誕生到網路社群力爆發，顛覆權力階級，改變人類歷史的network》（*The Square and the Tower: Networks, Hierarchies and the Struggle for Global Power*），尼爾·弗格森（Niall Ferguson），聯經，2019。

《網路讓我們變笨？數位科技正在改變我們的大腦、思考與閱讀行為》（*The Shallows :What the Internet is Doing to Our Brains*），卡爾（Nicholas Carr），貓頭鷹，2019。

《眾媒時代，我們該如何做內容》（*Everybody Writes: Your Go-To Guide to Creating Ridiculously Good Content*），安·漢德利（Ann Handley），中國人民大學出版社，2016。

《注意力商人：他們如何操弄人心？揭密媒體、廣告、群眾的角力戰》（*The Attention Merchants: The Epic Scramble to Get Inside Our Heads*），吳修銘（Tim Wu），天下雜誌，2018。

《寫作風格的意識：好的英語寫作怎麼寫》（*The Sense of Style: The Thinking Person's Guide to Writing in the 21st Century*），史迪芬·平克（Steven Pinker），商周，2016。

《深度報導寫作》，康文炳，允晨，2018。

288

《Amazon的人為什麼這麼厲害？：日本亞馬遜創始成員告訴你，他在貝佐斯身旁學到的高成長工作法》（アマゾンのすごいルール），佐藤將之，大是，2019。

《邱吉爾與歐威爾：對抗極權主義，永不屈服！政治與文壇雙巨擘，影響後世革命深遠的不朽傳奇》（Churchill and Orwell: The Fight for Freedo），湯瑪斯・瑞克斯（Thomas E. Ricks），麥田，2019。

第2課

《少說廢話：36秒就讓人買單的精準文案》（Writing Without Bullshit: Boost Your Career by Saying What You Mean），喬許・柏納夫（Josh Bernoff），三采，2017。

《美國讀寫教育改革教我們的六件事　找回被忽略的R: wRiting 作文爛？這不是學生個別的困境，而是國家需要面對的教育課題！》，曾多聞，字畝文化，2018。

《大腦與閱讀》（Reading in the Brain），史坦尼斯勒斯・狄漢（Stanislas Dehaene），信誼基金出版社，2012。

《大師的小說強迫症：瑞蒙・卡佛啟蒙導師的寫作課》（On Becoming a Novelist），約翰・加德納（John Gardner），麥田，2016。

第3課

《創意的生成：廣告大師私家傳授的創意啟蒙書（中英對照）》（A Technique for Producing Ideas），楊傑美（James Webb Young），經濟新潮社，2009。

第4課

《敘事弧：普立茲獎評審教你寫出叫好又叫座的採訪報導》（*Storycraft: The Complete Guide to Writing Narrative Nonfiction*），傑克・哈特（Jack Hart），新樂園，2018。

《報導的技藝：《華爾街日報》首席主筆教你寫出兼具縱深與情感，引發高關注度的優質報導》（*The Art and Craft of Feature Writing: Based on The Wall Street Journal Guide*），威廉・布隆代爾（William E. Blundell），臉譜，2017。

第6課

《史蒂芬・金談寫作》（*On Writing: A Memoir of the Craft*），史蒂芬・金（Stephen King），商周，2006。

《機會效應：掌握人生轉折點，察覺成功之路的偶然與必然》，洪震宇，時報，2018。

《英文寫作聖經：常春藤英語學習經典《風格的要素》》（*The Elements of Style*），威廉・史壯克（William Strunk Jr.），野人，2019。

第7課

《快思慢想（新版）》（*Thinking, Fast and Slow*），康納曼（Daniel Kahneman），天下文化，2018。

第8課

《教育扭轉未來：當文憑成為騙局，21世紀孩子必備的4大生存力》（*Most Likely to Succeed: Preparing Our Kids for the Innovation Era*），東尼‧華格納、泰德‧汀特史密斯（Tony Wagner, Ted Dintersmith），時報，2016。

《金字塔原理：思考、寫作、解決問題的邏輯方法》（*The Minto Pyramid Principle: Logic in Writing, Thinking, & Problem Solving*），芭芭拉‧明托（Barbara Minto），經濟新潮社，2007。

第9課

《旅人的食材曆》，洪震宇，遠流，2010。

《小說面面觀：現代小說寫作的藝術》（*Aspects of the novel*），E‧M‧佛斯特（E. M. Forster），商周，2009。

《邱吉爾演講術》（*The Sir Winston Method: The Five Secrets of Speaking the Language of Leadership*），James C. Humes，聯經，1995。

《卜洛克的小說學堂》（*Telling Lies for Fun and Profits*），卜洛克（Lawrence Bolck），臉譜，2008。

《風土餐桌小旅行：12個小地方的飲食人類學筆記》，洪震宇，遠流，2016。

第10課

《走自己的路，做有故事的人：從生活脈絡尋找改變的力量》，洪震宇，時報，2016。

《推理寫作祕笈：暢銷作家傾囊相授的終極書寫心法》（Writing Mysteries），蘇‧葛拉芙頓，勞倫斯‧卜洛克，麥可‧康納利，泰絲‧格里森，莎拉‧派瑞斯基（Sue Grafton, Lawrence Block, Michael Connelly, Tess Gerritsen, Sara Paretsky），馬可孛羅，2018。

《別有目的的小意外：打敗「遺忘」的內容行銷，來自15種好用的認知科學》（Impossible to Ignore: Creating Memorable Content to Influence Decisions），卡門‧席夢（Carmen Simon），大寫，2017。

第11課

《跟TED學表達，讓世界記住你：用更有說服力的方式行銷你和你的構想》（Talk Like TED: The 9 Public-Speaking Secrets of the World's Top Minds），卡曼‧蓋洛（Carmine Gallo），先覺，2014。

《TED TALKS說話的力量：你可以用言語來改變自己，也改變世界 TED唯一官方版演講指南》（TED Talks The Official TED Guide to Public Speaking），克里斯‧安德森（Chris Anderson），大塊，2016。

《21世紀的21堂課》（21 Lessons for the 21st Century），哈拉瑞（Yuval Harari），天下文化，2018。

《看出關鍵：FBI、CIA、全美百大企業都在學的感知與溝通技術》（Visual Intelligence），艾美‧赫爾曼（Amy Herman），方智，2017。

《真確：扭轉十大直覺偏誤，發現事情比你想的美好》（FACTFULNESS: Ten Reasons We're Wrong About the World--and Why Things Are Better Than You Think），漢斯‧羅斯林（Hans Rosling），先覺，2018。

《反叛，改變世界的力量：華頓商學院最啟發人心的一堂課》（Originals: How Non-Conformists

《Move the World》，亞當‧格蘭特（Adam Grant），平安文化，2016。

《樂活國民曆》，彭啟明、洪震宇、李咸陽合著，遠流，2011。

第12課

《簡單：打破複雜，創造絕對優勢》（Insanely Simple: The Obsession That Drives Apple's Success），肯恩‧西格爾（Ken Segall），聯經，2013。

《思辨是我們的義務：那些瑞典老師教我的事》，（Democratic Education: Nordic experiences for the Taiwanese classroom），吳媛媛，木馬，2019。

《讀書這個荒野》（読書という荒野），見城徹，先覺，2019。

第13課

《簡潔的威力：注意力短缺時代，說得越少，影響越大！》（Brief: Make a Bigger Impact by Saying Less），喬‧麥柯馬克（Joseph McCormack），先覺，2014。

《一聽就懂的重點表達術：不只秒懂，還能讓人自發行動的說明力》（大事なことを一瞬で説明できる本），木暮太一，商周，2019。

《文案力：如果沒有文案，這世界會有多無聊？》，盧建彰，天下，2018。

《編輯七力》（修訂版），康文炳，允晨，2019。

《文案大師教你精準勸敗術：在注意力稀缺年代，如何找出熱賣語感與動人用字？》（文案寫作聖經30週年典藏版）》（The Copywriter's Handbook, Third Edition: A Step-By-Step Guide To Writing Copy

That Sells），羅伯特・布萊（Robert W. Bly），大寫，2017。

第15課

《哈佛寫作課：51位紀實寫作名家技藝大公開，教你找故事、寫故事、出版故事》（*Telling True Stories: A Nonfiction Writers' Guide from the Nieman Foundation at Harvard University*），哈佛大學尼曼基金會（The Nieman Foundation at Harvard University），商業週刊，2017。

《非虛構寫作指南：從構思、下筆到寫出風格，橫跨兩世紀，影響百萬人的寫作聖經》（*On Writing Well: The Classic Guide to Writing Nonfiction*），威廉・金瑟（William Zinsser），臉譜，2018。

《寫出有溫度的文章：想想「讀者是誰」，你的文章才會有溫度，能幫你晉升的商業文章，從丟掉起承轉合開始》（残業ゼロのための N 式文章の基準），沼田憲男，大是，2018。

第19課

《不離職創業：善用10%的時間與金錢，低風險圓創業夢，賺經驗也賺更多》（*The 10% Entrepreneur: Live Your Startup Dream Without Quitting Your Day Job*），派翠克・麥金尼斯（Patrick McGinnis），三采，2017。

第20課

《刻意練習：原創者全面解析，比天賦更關鍵的學習法》（*Peak: Secrets from the New Science of Expertise*），安德斯・艾瑞克森（Anders Ericsson）、羅伯特・普爾（Robert Pool），方智，2017。

精準寫作【增修版】
精鍊思考的 20 堂課，專題報告、簡報資料、企劃、文案都能精準表達

作　　　者	洪震宇
封 面 設 計	許紘維
版 型 設 計	陳姿秀
內 頁 版 型	高巧怡
行 銷 企 劃	蕭浩仰、江紫涓
行 銷 統 籌	駱漢琦
業 務 發 行	邱紹溢
營 運 顧 問	郭其彬
責 任 編 輯	溫芳蘭、張貝雯
總 編 輯	李亞南
出　　　版	漫遊者文化事業股份有限公司
地　　　址	台北市103大同區重慶北路二段88號2樓之6
電　　　話	(02) 2715-2022
傳　　　真	(02) 2715-2021
服 務 信 箱	service@azothbooks.com
網 路 書 店	www.azothbooks.com
臉　　　書	www.facebook.com/azothbooks.read

發　　　行	大雁出版基地
地　　　址	新北市231新店區北新路三段207-3號5樓
電　　　話	02-8913-1005
訂 單 傳 真	02-8913-1056
二 版 一 刷	2024年12月
定　　　價	台幣450元

ISBN　978-626-409-034-6

國家圖書館出版品預行編目 (CIP) 資料

精準寫作：精鍊思考的20堂課，專題報告、簡報資
料、企劃、文案都能精準表達/ 洪震宇著. -- 二版. --
臺北市：漫遊者文化事業股份有限公司, 2024.12
296 面；14.8×21 公分
ISBN 978-626-409-034-6（平裝）
1.CST: 文書管理 2.CST: 思考 3.CST: 寫作法
494.45　　　　　　　　　　　　　　　113016964

有著作權‧侵害必究
本書如有缺頁、破損、裝訂錯誤，請寄回本公司更換。

Copyright © 2024 by AZOTH BOOKS
All rights reserved.

漫遊，一種新的路上觀察學
www.azothbooks.com

漫遊者文化

大人的素養課，通往自由學習之路
www.ontheroad.today

遍路文化‧線上課程